Die Gefahren der Elektrizität im Bergwerksbetriebe.

Von

Bergassessor Baum.

Springer-Verlag Berlin Heidelberg GmbH 1904

Sonderabdruck aus „Glückauf", Berg- und Hütten-
männische Zeitschrift, Jahrgang 1904, Nr. 5—11.

ISBN 978-3-662-32406-6   ISBN 978-3-662-33233-7 (eBook)
DOI 10.1007/978-3-662-33233-7

Vorwort.

Auf Grund der Erfahrungen, welche nach einer nunmehr fast zwanzigjährigen Verwendung elektrischer Energie zu Kraftübertragungs- und Beleuchtungszwecken im Bergbau vorliegen, erscheint es kaum zweifelhaft, daß die Elektrizität die konkurrierenden Betriebsarten entweder ganz verdrängen oder auf ein sehr kärglich bemessenes Gebiet beschränken wird. Dadurch entsteht für den Bergmann die Verpflichtung, das Wesen dieser neuen Kraft auch nach der sicherheitlichen Seite zu studieren, denn nur durch die gemeinsame Arbeit von Berg- und Elektrotechnikern wird es gelingen, Anlagen zu schaffen, die gefahrlos betrieben werden können. Die vorliegende Abhandlung beleuchtet diese aktuelle Frage von beiden Seiten aus und gibt ferner eine vergleichende Zusammenstellung der von den Bergbehörden des In- und Auslandes sowie von dem deutschen Elektrotechniker-Verbande erlassenen Vorschriften für die Ausführung und den Betrieb elektrischer Anlagen über und unter Tage, erklärt diese Bestimmungen und würdigt ihre Bedeutung.

Essen (Ruhr), März 1904.

Der Verfasser.

Inhaltsangabe.

I. Teil: Allgemeines.

Erlaſs von Vorschriften für elektrische Anlagen.

Den einzigartigen Vorzügen, welchen die Elektrizität ihre großen Erfolge im Bergwerksbetriebe verdankt, stehen als Nachteile die Gefahren gegenüber, die sie im Gefolge führt. Die direkte Gefahr der Berührung stromdurchflossener Starkstromleiter wird durch die eigentümlichen Verhältnisse des Bergbaus sehr vergrößert und hat bereits eine Reihe Opfer gefordert. Das Schuldkonto der mittelbaren Gefahren, der Brand- und Explosionsunfälle, verursacht durch die Auslösung elektrischer Energie in Funken-, Flamm- und Glühwirkungen, ist beim Bergbau noch fast unbeschrieben, hauptsächlich wohl aus dem Grunde, weil man bei der Verwendung elektrischer Anlagen in gefährlichen Betrieben, wie beispielsweise in Schlagwettergruben, eine große, manchmal übertriebene Vorsicht walten ließ. Das Fortschreiten des Bergbaus in große Teufen, wo sich die Schwierigkeiten der Wasserwältigung und der Wetterlosung außerordentlich vergrößern, und der Massenbetrieb mit seinen erhöhten Ansprüchen an die maschinelle Gewinnung und Förderung erfordern gebieterisch die Verwendung von elektrischer Kraft auch an Betriebsstätten, wo Schlagwetter auftreten können und wo mit starken mechanischen Einwirkungen auf Motoren, Apparate und besonders Leitungen gerechnet werden muß, wo Staub und Schmutz, Feuchtigkeit und Schwaden nicht zurückgehalten werden können und zur Bedienung nur wenig vorgebildetes Personal zur Verfügung steht.

Die vorliegende Abhandlung macht es sich zur Aufgabe, das Wesen und die Bedeutung der von der Elektrizität drohenden Gefahren darzustellen und die Mittel zu besprechen, mit welchen ihnen vorgebeugt werden kann.

Sicherheitsvorschriften für elektrische Grubenanlagen wurden in Preußen zuerst von den Bergbehörden erlassen. Von den Bergpolizeiverordnungen der verschiedenen Oberbergämter beschäftigen sich die neueren zum Teil recht eingehend mit dem Gegenstand, so z. B. die allgemeine Bergpolizeiverordnung für den Verwaltungsbezirk des Oberbergamtes zu Halle vom 7. März 1903 (§ 132 bis 139). Eine außerordentliche Unterstützung erfuhren diese auf die Hebung der Sicherheit der Elektrizitätsbetriebe gerichteten Bestrebungen durch die Installationsvorschriften, welche der 1893 gegründete Verband deutscher Elektrotechniker für seine Mitglieder — und dazu gehören alle größeren Elektrizitätsfirmen — erließ.

Diese Bestimmungen erschienen zuerst im Jahre 1895 und wurden nach mehrmaligen Abänderungen im Anfang des Jahres 1903 neu festgesetzt. Sie gelten für elektrische Starkstromanlagen oder ihre Erweiterungen und sind mit dem 1. Januar 1904 ohne Rückwirkung in Kraft getreten.

Während die älteren bis dahin gültigen Vorschriften besondere Festsetzungen für Nieder- (bis zu 250 V), Mittel- (über 250 V) und Hoch- (1000 V und darüber) -spannungsanlagen gaben, begnügen sich die neuen mit einer Zweiteilung in Nieder- (bis zu 250 V zwischen einer Leitung und Erde) und Hoch- (über 250 V)-spannung. Eine wichtige Bereicherung hat ihr Inhalt durch die Aufnahme besonderer Bestimmungen über elektrische Bergwerksanlagen erfahren, die in einer gemeinsamen Kommission von Elektrotechnikern und Bergleuten festgesetzt wurden.

Spezielle Vorschriften zur Verhinderung von Brandunfällen durch elektrische Wirkungen hat der Verband deutscher Privat-Feuerversicherungs-Gesellschaften bereits im Jahre 1892 aufstellen lassen. Sie wurden später den vom Elektrotechnikerverband erlassenen Bestimmungen angepaßt. Durch die gemeinsamen Erlasse der preußischen Minister für Handel und Gewerbe, der öffentlichen Arbeiten und des Innern vom 20. September 1897[1]), 24. März[2]) und 28. Oktober 1898[3]) wurde den nachgeordneten Behörden aufgegeben, die Sicherheitsvorschriften des Elektrotechnikerverbandes und der Feuerversicherungsgesellschaften „bei Errichtung staatlicher elektrischer Anlagen, sowie bei Handhabung staatlicher Aufsichtsrechte zur technischen Richtschnur zu nehmen".

Diesem Beispiele sind alle größeren deutschen Bundesstaaten gefolgt.

In Österreich hatte der elektrotechnische Verein in Wien bereits im Jahre 1888 Sicherheitsvorschriften von allgemeinerer Fassung aufgestellt, welche 1899 eine Revision erfuhren und bei der Bergpolizeibehörde die gleiche Geltung besitzen wie in Preußen. Außerdem wurden von der Berghauptmannschaft Wien besondere zusätzliche Bestimmungen in einer Instruktion vom 20. September 1902 „betreffend die Amtshandlungen aus Anlaß der Ausführung und des Betriebes elektrischer Starkstromanlagen" für die ihr unterstellten Revierbergämter erlassen.

Belgien ist mit einer umfassenden bergpolizeilichen Regelung der Elektrizitätsfrage bereits früh vorangegangen. Auf den Bericht einer im Jahre 1893 eingesetzten Elektrizitätskommission gab ein königlicher „Arrêté"[4]) vom 15. Mai 1895 in 7 „Annexes" besonders gefaßte Bestimmungen:

1. für Anlagen über Tage, in offenen Brüchen und Gräbereien,
2. für oberirdische Anlagen auf Schlagwettergruben der 3. (höchsten) Gefahrenklasse,

---

[1]) Ministerial-Blatt für die innere Verwaltung, 1897, S. 266.
[2]) Ebendort, 1898, S. 63.
[3])   „   „ S. 230 ff.
[4]) Annales des travaux publics de Belgique. Bd. 52. (1895) Heft 1. — Documents administratifs. S. 4 ff.

3. für Anlagen in schlagwetterfreien Gruben, unterirdischen Gräbereien und Brüchen,

4.—6. für Anlagen in Schlagwettergruben der 1. bezw. der 2. und 3. Gefahrenklasse,

7. für die Verwendung tragbarer Glühlampen in Schlagwettergruben aller 3 Gefahrenklassen.

In Frankreich und England hat man — zu früh für eine ungehinderte Entwicklung der Technik — gesetzliche Maßnahmen für die Ausführungen elektrischer Anlagen getroffen.

Eine wertvolle Ergänzung der in Gesetzen und Polizeiverordnungen niedergelegten Bestimmungen bilden die von den Bergverwaltungen erlassenen zusätzlichen Betriebsvorschriften, welche den Verhältnissen des einzelnen Falles entsprechende Maßregeln genauer treffen können als die allgemeinen, in erster Linie der Errichtung der Anlagen gewidmeten Hinweisungen. Mustergültige Vorschriften dieser Art hat beispielsweise die Verwaltung des Lugauer Steinkohlenvereins zu Lugau i. S. aufgestellt.

Das Wesen und die Bedeutung der Gefahren.

Die Berührungsgefahr.

Die Einwirkung des Gleich- und Wechselstroms auf den menschlichen Organismus ist außerordentlich verschieden, da nach neueren Beobachtungen[5] der Gleichstrom erst bei 4—5 mal höherer Spannung dieselben gefährlichen Wirkungen wie der Wechselstrom hervorruft. Bei niedriger Spannung (unter 120 V) tritt der Tod durch Paralyse des Herzens ein, d. h. der Rhythmus der Herzschläge wird durch die krampfhaften, unregelmäßigen Zusammenziehungen so gestört, daß die Herztätigkeit aussetzt. Eine schädliche Einwirkung auf das Nervenzentrum wird erst durch größere Stromstärken, wie sie bei geringen Widerständen oder höheren Spannungen in den Körper eintreten können, herbeigeführt. Bei Spannungen über 1200 V verliert der normale Widerstand des Körpers seine schützende Wirkung; es tritt dann regelmäßig eine Störung der Nervenzentren und als Folge davon eine Asphyxie (Pulslosigkeit) des Herzens auf. Das ist insofern auch für den Techniker von Wichtigkeit, weil bei einer bloßen Lähmung der Atmungstätigkeit sofort und geschickt angestellte Wiederbelebungsversuche oft erfolgreich sind. Sehr beeinflußt wird die physiologische Wirkung des Stromes durch die Art des Weges, den der Strom durch den Körper nimmt; die gefährlichste Verbindung ist die, welche von einer Hand zur anderen führt, weil sie den geringsten Widerstand bietet und das Herz in der Strombahn liegt. Im Gegensatz dazu hat ein Strom, welcher von den Füßen zu den Händen fließt, einen weit größeren Widerstand zu überwinden, er wird deshalb erst bei einer höheren Spannung schädlich wirken.

Der Obduktionsbefund[6] der durch Elektrizität Getöteten weist gewöhnlich die ausgesprochenen Zeichen der Erstickung auf: eine dunkelflüssige Beschaffenheit

---

[5] Elektrotechnischer Anzeiger 1903, S. 1696 ff.

[6] Zeitschrift für das Berg-, Hütten- und Salinenwesen 1902, S. 576 ff.

des Blutes, Blutüberfüllung der Lungen und der großen Gefäße, sowie Blut-
übertretungen in die Gewebe. Doch wurden auch Fälle beobachtet, bei denen
diese Merkmale nicht festgestellt werden konnten. Bei großem Widerstand
der Haut verursacht der Strom an den Stellen, wo er in den Körper eintritt,
regelmäßig Brandwunden. Ist der Widerstand außerordentlich gering, wie in
einem Falle, wo die Sohle des Unfallortes und die Hände des Verunglückten
sehr feucht waren, so kann der Strom auch ohne Hautverbrennung in den
Körper eindringen. Kommen die Betroffenen mit dem Leben davon, so fühlen
sie oft noch längere Zeit nach dem Unfall Schmerzen im Rücken und in der
Schultergegend, überhaupt den Körperteilen, welche in der Strombahn lagen.
Der Einfluß der Strombahn wird am besten durch den Unfall auf Zeche
Germania I[7]) illustriert, wo ein Drehstrom von 2100 Volt wohl tiefgehende
Brandwunden verursachte, aber so durch den Körper ging, daß die empfindlichen
Nerven nicht berührt wurden. Nur diesem Zufall hatte der Verunglückte sein
Leben zu verdanken.

Außer den unmittelbar durch den Strom verursachten Verunglückungen
ereigneten sich eine Reihe anderer Unfälle, bei welchen Ströme, auch geringerer
Spannung, als Helfershelfer im Spiele waren, und zwar dadurch, daß sie
Lähmungen der Betroffenen herbeiführten, welche sich in einer an sich gefährdeten
Stellung befanden, im Vollbesitz ihrer Willenskraft aber die Gefahr leicht
vermeiden konnten. Infolge der Lähmung war es ihnen jedoch unmöglich,
dem drohenden Unheil auszuweichen. Beispiele für derartige Unfälle sind
Abstürze von Personen, die auf Leitern usw. standen, und Verunglückungen
solcher, welche sich in der Nähe gehender Maschinenteile, in Betrieb be-
findlicher Bahnen usw. aufhielten. Einige Personen sind auch dadurch umge-
kommen, daß sie, durch Niederspannungsstrom gelähmt, mit einer benachbarten
Hochspannungsleitung in Berührung gerieten. Nach den Versuchen des Professors
Weber in Zürich genügen zur Herbeiführung eines derartigen Zustandes voll-
ständiger Willenslosigkeit bereits 50 Volt Wechsel- oder 100 Volt Gleichstrom-
spannung. Zwei Wechselstromleitungen, mit den Händen berührt, erwiesen
sich gefahrbringend, sobald die Spannung 100 Volt überstieg.

Als Stromstärke, welche der Mensch noch eben ertragen kann, ermittelte
der Chefelektriker der Aachener Elektrizitätswerke, Schulz, 27 Milliampère bei
Gleichstrom und 10 Milliampère bei Wechselstrom.[8]) Die erhöhte Gefährlichkeit
des Wechselstroms, welche in England zu einer verschiedenen Festsetzung der
Mindestgrenze für Hochspannungen beider Systeme geführt hat, wurde auch
bei den Unfällen beobachtet. Sie steht nach Versuchsergebnissen in nahem
Zusammenhang mit der Wechselzahl, welche beim Durchgang des Stromes
durch den menschlichen Körper eine entsprechende Anzahl Nervenimpulse
erzeugt. Am gefährlichsten sind Wechselzahlen von 30—150, also gerade die
in der Praxis gebräuchlichsten. Eine Spannung von 15 V ist bei 150 sekund-

---

[7]) Zeitschrift für das Berg-, Hütten- und Salinenwesen. 1902, S. 576 ff.

[8]) Jahresbericht der Kgl. preußischen Regierungs- und Gewerberäte und Bergrevier-
beamten, 1898, S. 402.

lichen Perioden ebenso verderbenbringend wie eine von 400 V bei 1700 Perioden. Bei einer Grenze von 10 000 Wechseln in der Sekunde reagieren die Nerven fast nicht mehr auf den Strom. Für Kraftübertragungen sind so hohe Wechselzahlen nicht verwendbar. Im übrigen kommt bei beiden Stromsystemen die außerordentlich verschiedene Empfindlichkeit des Individuums und das Maß der Stromstärke in Betracht, welche proportional der Verminderung des Widerstandes befähigt wird, in den menschlichen Körper einzutreten. Der Widerstand setzt sich zusammen aus dem Eigenwiderstand des Körpers, soweit er in der Strombahn liegt, und dem Übergangswiderstand, welchen der Strom bis zu dem Eintritt in den Körper und nach dem Austritt aus ihm zu überwinden hat.

Messungen des Körperwiderstandes haben Weber, Newmann, Laurence, Swinburne und Kath[9]) vorgenommen und festgestellt, daß er nach der Körperfigur sehr verschieden ist. Der Übergangswiderstand hängt von der Größe und dem Feuchtigkeitsgrad der berührenden Hautfläche, dem Drucke zwischen der Haut und dem stromdurchflossenen Metall ab. Die verderblichste Wirkung bringt der Strom hervor, wenn der Betroffene sich direkt zwischen zwei verschiedenpolige Leitungen einschaltet, indem er sie zu gleicher Zeit mit den Händen berührt, oder wenn er, beispielsweise auf einer metallenen Unterlage, die an einem Pole liegt, stehend, die andere Leitung berührt. Dieser letztere Fall ist im Bergbau besonders bei den elektrischen Lokomotivförderbahnen zu befürchten, wo der Strom einerseits durch eine blanke Kontaktleitung und andererseits durch die Fahrschienen geführt wird. In dem Steinkohlenwerke Altgemeinde Bockwa in Sachsen ereignete sich ein tödlicher Unfall bei einer 300 V-Gleichstromanlage, soweit festzustellen war, dadurch, daß der verunglückte Schlepper, auf einem leeren eisernen Förderwagen stehend, mit dem Kopfe oder Nacken an die Kontaktleitung stieß. Das Gestell des Förderwagens stellte den Endpunkt des einen Poles dar, der Unglückliche hatte sich also durch das Berühren der Trolleyleitung gänzlich in den[10]) Strom eingeschaltet, der nur in den wahrscheinlich genagelten Schuhen einen geringen Widerstand fand, sonst aber durch nichts aufgehalten in den Körper trat. Daraus erklärt sich die verhängnisvolle Wirkung der verhältnismäßig geringen Spannung.

Die Fälle, wo eine derartige vollkommene zweipolige Berührung stattfindet, sind weit seltener, wie die, wo der Strom wenigstens auf einer Seite einem stärkeren Übergangswiderstande eines Zwischenleiters begegnet, der die Entwicklung einer gefährlichen Stromstärke im Körper verhindert. Leider hat man im unterirdischen Betriebe nur selten mit Zwischenleitern von geringer Stromdurchlässigkeit zu rechnen. Im Gegenteil wirken verschiedene Umstände auf eine Herabsetzung des Körper- und Übergangswiderstandes, also auf eine Vergrößerung der Gefahr hin. Es sind das:

---

9) Elektrotechnische Zeitschrift 1899, Nr. 24. S. 601 ff.

10) Erhard, der elektrische Betrieb im Bergbau. Halle a. S. 1902. Verlag von C. O. Lehmann.

1. die Hautfeuchtigkeit, verursacht durch feuchte Grubenluft, Tropfwasser, Dampfausströmung, erhöhte Schweißbildung usw., die feuchten Kleider,
nasse und mit Nägeln beschlagene Schuhe;

2. die größere Leitungsfähigkeit der Sohle, infolge der Durchtränkung
mit sauren oder salzigen Wassern oder ihrer Zusammensetzung aus Erzen,
Kohlen oder Salzen.

In Fällen, wo gut leitende Wasser in der Sohle stehen, werden Teile
des Grubengebäudes den Charakter der durchtränkten Räume annehmen, nach
der Definition der Sicherheitsvorschriften solcher Örtlichlichkeiten, „wo erfahrungsgemäß die Erhaltung normaler Isolation erschwert und der Widerstand
der darin beschäftigten Personen erheblich vermindert wird".

Für oberirdische Betriebe dieser Art hat der Verband Deutscher Elektrotechniker seit 1898 besondere Vorschriften[11]) festgesetzt (§ 43 der neuen
Vorschriften), deren direkte Veranlassung 4 während der Jahre 1896 und 1897 in
der Zuckerfabrik Oschersleben durch Drehstromspannungen von 130 bezw. 230 V
zwischen zwei Leitungen verschuldete tödliche Unfälle waren. Die Gefährlichkeit
der Niederspannung, welche bis dahin unbekannt war, erklärt sich dadurch,
daß der Übergangswiderstand durch Durchtränkung des Bodens der Fabrikräume und der Schuhe der Arbeiter mit Strontianlauge außerordentlich herab-
gesetzt war. Durch vorgenommene Messungen wurde er in einzelnen Fällen
zu nur 900, im Mittel zu 2000—3000 Ohm bestimmt. Bei einem Widerstand
von 900—2000 Ohm konnte eine gefährliche Stromstärke schon bei 100 V zum
Durchfluß durch den Körper kommen. Weitere in Fabrikräumen ausgeführte
Messungen ergaben, daß der Übergangswiderstand des trockenen Bretterfuß-
bodens den 30—50fachen Wert, im Durchschnitt 100 000 Ohm erreichte. Bei
einer Vermehrung des Berührungsdruckes, welche bei dem krampfhaften An-
pressen der Hände an den Leiter nach vorausgegangener Lähmung unwillkürlich
eintritt, nimmt der Widerstand stark ab.

In Bergwerken geht er außerordentlich weit herab. Einen Beweis dafür
liefert ein tödlicher Unfall auf Zeche Concordia bei Oberhausen durch eine
Drehstromspannung von nur 110 V. Der Übergangswiderstand war in diesem
Falle außerordentlich gering, weil die Sohle und die Hände des Berührenden
feucht waren.

Bei Wechselstromanlagen sind hinsichtlich der Berührungsgefahr neben
den aus der Leitung infolge mangelhafter Isolation austretenden Strömen
die „Ladungsströme" zu beachten, welche durch hohe Spannungen in gänzlich
unbeteiligten Leitern entwickelt werden. Diese Ströme treten beispielsweise
in der Eisenbewehrung und in den Bleimänteln der Kabel, überhaupt in allen
einigermaßen isolierten und neben einer Wechselstromleitung auf einige
Erstreckung herlaufenden Metalleitungen, wie in Luttentouren, Druckluftröhren,
Signal- und Zündleitungen, auf.

---

[11]) Ministerialblatt der inneren Verwaltung 1898, S. 248 ff.

Eine an Holzpflöcken aufgehängte Wetterluttenleitung könnte infolge ihrer großen Kapazität schon recht kräftige Ladungsströme liefern. Der Ladungsvorgang ist derselbe wie bei der bekannten Leydener Flasche. Den inneren Beleg stellt die stromführende Leitung, den äußeren der durch ein Dielektrikum (Isolation oder Luft) von ihr getrennte Metalleiter dar, welcher durch Induktion geladen wird.

Die Kondensatorwirkung macht auch bei dem besten Isolationswiderstand einer Hochspannungsanlage die Berührung e i n e s Leiters durch eine nicht von Erde isolierte Person gefährlich. Betrachten wir folgenden Fall.[12]) Die Figur 1 veranschaulicht ein konzentrisches Kabel mit einem inneren Leiter i,

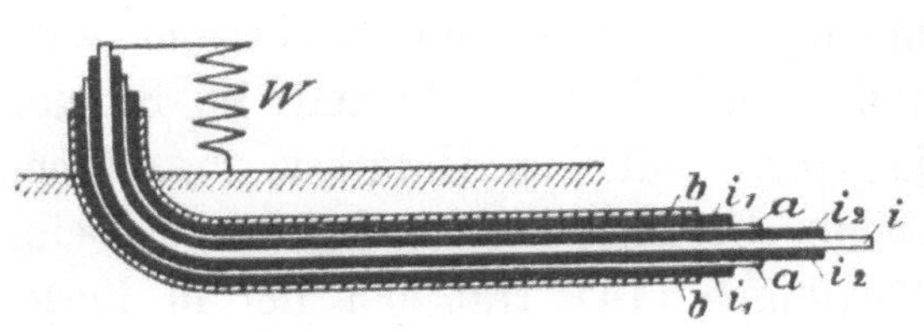

Fig. 1.

der durch die Isolation i_2 von dem äußeren Leiter a getrennt wird; a ist seinerseits wieder durch die Hülle i_1 gegen den Bleimantel oder die Eisenarmatur b isoliert, b bildet den Außenteil des Kondensators; die in ihm entwickelte Ladungsspannung teilt sich der Erde und dadurch einer auf ihr stehenden Person mit. Berührt diese anstelle des Widerstandes W den Innenleiter, so schließt sie den Ladungsstrom durch ihren Körper.

In dem Fall der Fig. 2 sind die Bedingungen für die Ladung einer neben der Wechselstromleitung geführten Metalleitung III, z. B. einer Luttentour, gegeben. Der eine Hochspannungsleiter liegt als Kabel in der Erde,

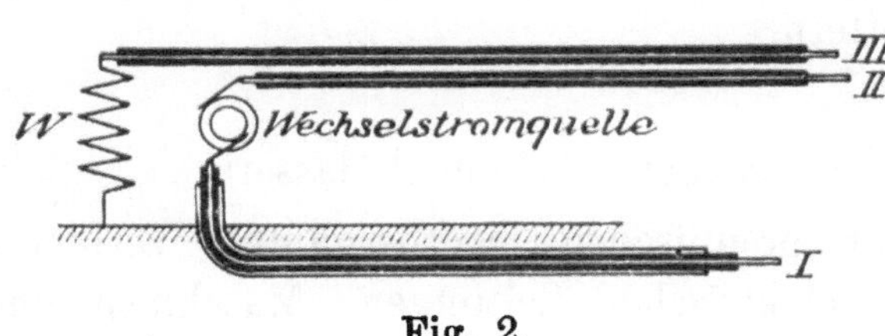

Fig. 2.

die dadurch zum äußeren Beleg eines Kondensators wird. Der Leiter II läuft der Lutte parallel und induziert in ihr einen dem Erdstrom entgegengerichteten Ladungsstrom. Berührt eine auf der Erde stehende Person die Lutte, so schließt sie einen Wechselstromkreis und empfängt einen Schlag, der unter Umständen das Leben gefährden kann, immer aber so stark sein wird, daß er die berührende Person lähmt und in der vorübergehenden Willenslosigkeit zum Opfer anderer Gefahren werden läßt. Nehmen wir z. B. den Fall an, daß ein Zimmerhauer bei der Schachtrevision den geladenen Bleimantel eines Kabels berührt, einen Schlag empfängt und dadurch von der Fahrt abstürzt.

Aus der Literatur und sonstigen Quellen liegen dem Verfasser nähere Angaben über 25 Berührungsunfälle, 14 über, 11 unter Tage, auf preußischen [13]) und sächsischen [14]) Bergwerken vor, von denen 17 tödlich waren, während

---

[12]) Elektrotechnischer Anzeiger 1900, S. 561 f.

[13]) Zeitschrift für das B.-, H.- u. S.-Wesen 1900, Seite 459 ff., 1901, Seite 575 ff., 1902, Seite 576 ff.

[14]) Ehrhard, der elektrische Betrieb im Bergbau.

8 Verunglückte mit vorübergehenden Betäubungen und Brandwunden davon kamen. In 2 Fällen wurden die Verunglückten zunächst durch einen leichten elektrischen Schlag getroffen, gerieten dann, willenslos geworden, in einen innigeren Kontakt mit der zweiten Leitung oder der Erde und kamen dadurch zu Tode. 8 der Verunglückten waren Facharbeiter (Elektromonteure, Maschinisten, Schlosser usw.), welche die Gefahr kannten und ihr meistens nach grober Vernachlässigung der Sicherheitsvorschriften zum Opfer fielen, 17 Nichtfachleute, die in mehreren Fällen gegen die erteilte Instruktion handelten. Bei der tödlichen Verunglückung eines Steigers [15]) ist man nach dem Bericht direkt versucht, die Indizien eines Selbstmordes für vorliegend zu erachten; bei mehreren anderen Unfällen (5) war fremdes Verschulden festzustellen. Gleichstrom war nur einmal, Wechsel- und Drehstrom entsprechend der größeren Verbreitung und Gefährlichkeit 24 mal im Spiele. Die niedrigsten Spannungen, welche je einen tödlichen Unfall verursachten, waren, wie bereits erwähnt, 300 V beim Gleichstrom und 110 V beim Drehstrom. Die Mehrzahl der Verunglückungen (14) trat bei der in Bergwerken meist vertretenen Drehstromspannung um 500 V ein. Auf höhere Spannungen zwischen 1000—2000 V entfielen 2, auf solche zwischen 2000 bis 3000 V 6 Unfälle. Dem Entstehungsort nach verteilen sich die Unfälle, wie folgt:

4 an der Primärstation (Schalttafel),

1 an Transformatoren,

10 an der Leitung,

2 an Verteilungsschaltbrettern,

4 an Motoren,

5 an dem Motorzubehör, insbesondere an den Anlassern.

Die Bergpolizeiverordnungen der preußischen Oberbergämter verbieten der Belegschaft die Berührung der elektrischen Leitungen, Maschinen und Apparate, welche nur dem Dienst- und Aufsichtspersonal und auch diesem nur unter Anwendung geeigneter Sicherheitsmaßregeln gestattet ist.

Warnungstafeln für die Belegschaft schreiben die deutschen Sicherheitsvorschriften im § 43 b und die österreichische Verordnung in § A VII S. 1 vor. Bezüglich der Tafeln setzen die „Betriebsvorschriften", welche der Elektrotechnikerverband mit Gültigkeit vom 1. März 1903 ab erlassen hat, fest:

1. Sie sind an einer geeigneten und jedem Arbeiter zugänglichen Stelle der Stromerzeugungsanlage und außerdem noch an besonders gefährlichen Punkten, bei Hochspannungsanlagen auch an den verschlossen zu haltenden Räumen, in welchen Hochspannung führende Teile ungeschützt (d. h. zufälliger Berührung zugänglich) sind, anzubringen. (§ 1 Abs. 1 b, Abs. 2 und § 10);

2. das kleinste zuverlässige Format ist 20 × 10 cm. (§ 1 b. Abs. 2);

---

3. wenn die Leitungen oder sonstige zugängliche Betriebsmittel Hochspannung führen, müssen die Tafeln den roten Blitzpfeil tragen. (§ 1 b. Abs. 2);

4. die Warnungstafeln sind stets in leserlichem Zustande zu erhalten. (§ 3 a).

Durch die „Sicherheitsvorschriften" (§ 43 c) sind Tafeln, welche in deutlich erkennbarer Schrift „vor der Berührung der elektrischen Leitungen warnen", für durchtränkte Räume besonders gefordert. Die österreichische Bergpolizeiverordnung verlangt in B. III. außerdem, daß „von Zeit zu Zeit die gesamte Belegschaft auf die Gefährlichkeit des Berührens der elektrischen Leitungen, Maschinen und dergl., sowie auch eines mit elektrischen Leitungen höherer Spannung in Berührung befindlichen menschlichen Körpers aufmerksam" gemacht wird.

Die traurigen Folgen einer ganzen Reihe von Berührungsunfällen wären vermieden worden, wenn die Arbeitsgenossen des Betreffenden sofort sachgemäße Wiederbelebungsversuche angestellt hätten. Die österreichische Verordnung will diesem Mißstand nach Möglichkeit durch folgende Verfügung steuern: Außer dem Aufsichtspersonale ist „eine genügende Anzahl verständiger Arbeiter über die erste Hülfeleistung bei Unglücksfällen in elektrischen Betrieben, über die Art der Entfernung von Verunglückten und der Anwendung von Isolierhaken zu unterrichten". Ferner ist nach A VIII S. 2 „in den Maschinenräumen ober- und untertags eine Anleitung zur ersten Hülfeleistung bei Unglücksfällen in elektrischen Betrieben" auszuhängen, was auch von den deutschen Betriebsvorschriften gefordert wird.

Auch im Ruhrbezirk hat man die Notwendigkeit erkannt, eine größere Anzahl von Aufsichtsbeamten und Arbeitern mit den Rettungsmaßregeln bekannt zu machen. Auf Anregung des Vereins für die bergbaulichen Interessen im Oberbergamtsbezirk Dortmund werden gegenwärtig bei der Bergschule der Westfälischen Berggewerkschaftskasse zu Bochum Kurse über diesen Gegenstand abgehalten, zu welchen von den einzelnen Zechen zahlreiche Anmeldungen eingelaufen sind.

An das Wartepersonal stellen die belgische und österreichische Vorschrift folgende Anforderungen:

Belgische Verordnung Art. 31:

„Die Bedienung und Wartung der elektrischen Apparate dürfen nur verständigen und im Kontrollbuche besonders bezeichneten Arbeitern anvertraut werden."

Die Instruktion der Berghauptmannschaft Wien, B II:

„Die Beaufsichtigung, Instandhaltung und Bedienung der elektrischen Anlagen darf nur nüchternen, verständigen Leuten anvertraut werden, und sind dieselben über Zweck, Handhabung und Instandhaltung der ihnen anvertrauten Maschinen, Leitungen u. dgl. genügend zu unterrichten."

Arbeiten an elektrischen Anlagen.

Die Hauptmontagearbeiten werden gewöhnlich von den Elektrizitätsfirmen ausgeführt, denen man ein striktes Befolgen der Verbandsvorschriften bei den Lieferungsverträgen zur Bedingung machen sollte, schon deshalb, weil bei der scharfen Konkurrenz in der elektrischen Industrie Anlagen oft zu Preisen angeboten werden, die bei einer den Sicherheitsbestimmungen entsprechenden Ausführung eine pekuniäre Schädigung der Lieferanten herbeiführen würden. Alles, was gegen die Vorschriften verstößt, muß bei der Abnahme beanstandet und der erbauenden Firma eine Abänderung im Sinne der Bestimmungen aufgegeben werden.

Größere Fehler als bei der Neumontage werden bei den späteren Ersatz- und Erweiterungsbauten gemacht. Die zusätzlichen Anlagen, auf deren Konto eine ganze Anzahl von Berührungs- und Brandunfällen kommt, überläßt man viel zu oft dürftig angelerntem Betriebspersonal, Grubenschlossern usw. Die Mehrkosten der Ausführung durch qualifizierte Fachleute machen sich durch die Vermeidung von Betriebsstörungen infolge mangelhafter Isolation und vor allem durch die Verringerung der Gefahren bezahlt. Die besonderen „Betriebsvorschriften" beschäftigen sich sehr eingehend mit diesem Gegenstand. Für Arbeiten im Betriebe von Niederspannungsanlagen gilt der § 8 dieser Bestimmungen, welcher zunächst bei den Arbeitern jede unnötige Berührung ungeschützter stromführender Leitungen, sowie der Teile von Maschinen, Apparaten und Lampen verbietet. Die periodisch zu wiederholenden Reinigungs- sowie die Instandhaltungsarbeiten dürfen nur durch instruiertes Personal und bei ausreichender Beleuchtung ausgeführt werden. Bei allen diesen Betriebs- und den Installationsarbeiten sind die betreffenden Apparate und Leitungen nach Möglichkeit stromlos zu machen. Während in durchtränkten oder explosionsgefährlichen Räumen Arbeiten an spannungsführenden Teilen direkt verboten sind, können sie, wenn eine unabweisbare Notwendigkeit vorliegt, an anderen Orten unter Beobachtung der nachstehenden Vorsichtsmaßregeln vorgenommen werden:

„1. Mach Möglichkeit müssen an den betreffenden Apparaten, Schalttafeln usw. alle ungeschützten, unter Spannung stehenden Teile so weit abgedeckt werden, daß die gleichzeitige Berührung verschiedener Polaritäten oder Phasen für den Arbeitenden ausgeschlossen ist.

2. Es dürfen nur Werkzeuge benutzt werden, deren Metallteile, sofern ihre Handhabung es zuläßt, mit Isoliermaterial überzogen sind.

3. Der Arbeitende hat sich auf eine isolierende Unterlage zu stellen und dabei die Berührung unisoliert stehender Personen und leitender Gegenstände zu vermeiden."

Der vermehrten Gefahr entsprechend verlangen die Betriebsvorschriften für Arbeiten an Hochspannungsanlagen viel weiter gehende Sicherheitsmaßregeln. (§ 10 u. 12.)

Die Räume, in welchen Hochspannung führende Teile ungeschützt (d. h. zufälliger Berührung zugänglich) angebracht sind, müssen verschlossen gehalten werden. „Sie dürfen während des Betriebes zur Vornahme von Arbeiten nur von mindestens zwei Personen, die speziell dazu ermächtigt und eingehend instruiert sind, betreten werden. Eine Berührung Hochspannung führender Leitungen und Apparate ist wegen der damit verbundenen Lebensgefahr verboten." (§ 10.)

Eine besondere Umsicht des Personals fordert der § 12, welcher bestimmt:

„Jeder im Hochspannungsbetrieb Beschäftigte hat alle wahrgenommenen außergewöhnlichen Vorkommnisse und Störungen sofort dem nächsten Vorgesetzten zu melden und ist verpflichtet, alle zu seinem Arbeitsbereich gehörigen Maßnahmen zu treffen, welche nach der erhaltenen Instruktion geeignet erscheinen, Gefahren für Personen und für den Betrieb zu verhindern oder zu beseitigen."

Für die Ausführung von Arbeiten an elektrischen Maschinen, Apparaten und Teilen des Leitungsnetzes genügt hier die vorherige Ausschaltung allein nicht. Um der Gefahr einer irrtümlichen Einschaltung auf jeden Fall zu begegnen, wird die Erdung und Kurzschließung der zur Stromleitung dienenden Teile an der Arbeitsstelle selbst gefordert. „Zur Erdung und Kurzschließung dürfen Leitungen unter 10 qmm nicht verwendet werden." Infolge der Kurzschließung der verschiedenen Pole würde bei irrtümlicher Einschaltung der Strom im Augenblicke so anwachsen, daß er Schmelzsicherungen oder automatische Ausschalter in Wirkung setzte und dadurch eine Unterbrechung der Leitung herbeiführte. Außerdem würde ihn die Erdleitung sofort unschädlich machen. Bei einem Leiter kommt nur die letztere als Schutzmittel in Betracht.

Zur Instruktion des mit den Montage- usw. Arbeiten betrauten Personals über die erforderlichen Abschaltungen der Hochspannungsleitungen „ist in jeder Schalt- und Transformatorenstation ein schematischer Übersichtsplan niederzulegen, in welchem die vorzunehmenden Ausschaltungen, sowie, falls erforderlich, deren Reihenfolge bezeichnet sind" (§ 11 b).

Die weiteren Bestimmungen des §. 11 beschäftigen sich mit den Fällen, daß die Erdung oder Kurzschließung an der Arbeitsstelle selbst nicht ausführbar ist (z. B. bei der Abnahme von Kabelmuffen), daß der mit der Ausführung der Arbeiten Beauftragte sich nicht davon überzeugen kann, ob die Abschaltung, Erdung und Kurzschließung an geeigneter Stelle vorgenommen ist, daß ferner eine Unsicherheit darüber besteht, ob die Leitung, an der gearbeitet werden soll, mit der abgeschalteten und kurzgeschlossenen identisch ist, und endlich mit der Unmöglichkeit der Abschaltung „desjenigen Teiles der Anlage, an welchem selbst oder in dessen unmittelbarer Nähe gearbeitet werden soll."

Liegen derartige Verhältnisse vor, so müssen, einerlei ob die Abschaltung unsicher oder nicht erfolgt ist, folgende besonderen Sicherheitsvorschriften beobachtet werden, welche teilweise auch für die Neuinbetriebsetzung von Anlagen gelten.

§ 11. c) „Ist aus dringenden Betriebsrücksichten eine Abschaltung desjenigen Teiles der Anlage, an welchem selbst oder in dessen unmittelbarer

Nähe gearbeitet werden soll, nicht möglich, so sind folgende Vorsichtsmaßregeln zu erfüllen:

1. Diese Arbeiten dürfen nur in Gegenwart des Betriebsleiters oder eines
   von ihm besonders Beauftragten ausgeführt werden.
2. Die Arbeiter müssen gegen die Einwirkung der Hochspannung geschützt
   sein. Die gute Beschaffenheit der Schutzmittel ist vom Arbeiter
   vor jedesmaligem Gebrauch zu prüfen.
3. Es sind die erforderlichen Maßnahmen zu treffen, um ein unabsicht-
   liches, mit Gefahr verbundenes Berühren Hochspannung führender
   Metallteile zu verhindern.

d) Sicherungen und Unterbrechungsstücke, die nicht so konstruiert sind,
daß man sie ohne weiteres gefahrlos handhaben kann, müssen mit isolierender
Zange eingesetzt und herausgenommen werden.

e) Eine Unterbrechung des Stromkreises mittels Sicherung, Unterbrechungs-
stückes oder Steckkontaktes darf nur erfolgen, wenn schädliche Lichtbogenbildung
dabei nicht auftreten kann.

f) Sind bei Betriebsstörungen oder zur Vornahme von Arbeiten Teile des
Leitungsnetzes oder die ganze Zentrale ausgeschaltet worden, so darf die
Wiedereinschaltung erst dann erfolgen, wenn der Betriebsleiter oder ein von
ihm besonders Beauftragter sich davon überzeugt hat, daß das gesamte
Personal von den Arbeitsstellen zurückgezogen bezw. jeder einzelnen in Betracht
kommenden Person von der beabsichtigten Einschaltung rechtzeitig Kenntnis
gegeben ist. Die Meldungen sind auch durch Telephon zulässig. Eine vorherige Vereinbarung der Wiederinbetriebsetzung auf einen bestimmten Zeitpunkt
genügt allein nicht. Außerdem hat sich der Betriebsleiter oder ein von ihm
besonders Beauftragter zu überzeugen, daß alle Schaltungen und Verbindungen
in richtiger Weise ordnungsmäßig wiederhergestellt sind und keine Verbindungen
bestehen, durch welche ein Übertritt der Hochspannung in außer Betrieb
bleibende Teile verursacht werden kann.

g) Das gleiche gilt von neu in Betrieb zu setzenden Leitungen und
Apparaten usw.; jedoch hat in diesem Falle der Betriebsleiter oder der von
ihm Beauftragte außerdem die Pflicht, sich durch Inaugenscheinnahme aller
zugänglichen Stellen, ebenfalls auch durch Vornahme entsprechender Prüfungen
davon zu überzeugen, daß durch die Inbetriebsetzung eine Gefährdung von
Menschenleben ausgeschlossen ist.“

Die bergpolizeilichen Vorschriften beschäftigen sich ebenfalls, wenn auch
weniger eingehend, mit der Vornahme von Arbeiten an elektrischen Anlagen.

Bezüglich der Arbeiten, die an dem elektrischen Apparat vorgenommen
werden, geben mehrere Bergpolizeiverordnungen folgende Bestimmung:
„Während des Betriebes der Dynamomaschine dürfen Arbeiten an den Leitungen
und Isolatoren nicht ausgeführt werden.“

Da der Strom auch von Akkumulatorenbatterien geliefert werden kann, so
ist die Fassung der Hallenser Verordnung vorzuziehen (§ 138), welche auch
sonstige wertvolle Vorschriften über die Vornahme von Arbeiten gibt:

„Ist außer zum Anlassen und Stillstellen von Maschinen die Berührung eines Teiles einer elektrischen Anlage, welche Starkstrom führen kann, erforderlich, so muß der Strom abgestellt und eine Benachrichtigung der beteiligten Personen vorgenommen werden. In diesem Falle darf Strom erst wieder gegeben werden, wenn die Anlage in Ordnung ist und die beteiligten Personen benachrichtigt sind.

Diese Arbeiten dürfen nur von fachmännisch gebildeten Personen vorgenommen werden."

Die Öffnung der Schutzkästen von Motoren, sowie der Schutzverkleidungen usw., der Apparate und Leitungen während des Betriebes kann selbst dem Fachpersonal gefährlich werden; man sollte sie, der Wiener Verordnung (B. IX) folgend, während des Stromdurchganges überhaupt verbieten. Praktisch würde es sich auch empfehlen, die erwähnten Schutzvorrichtungen so zu verschließen oder zu verdecken, daß sie nur von dem Wärter mittels besonderer Schlüssel oder Werkzeuge geöffnet werden können.

Die Brandgefahr.

Neben den Berührungsunfällen tritt die Gefährlichkeit der Starkstromanlagen in einer so großen Anzahl von Feuersbrünsten zutage, daß der Elektrizität in der Brandstatistik ein nicht unerheblicher Anteil der Brandursachen zufällt.

Nach dem Berichte [16]) des „Verbandes öffentlicher Feuerversicherungs-Anstalten in Deutschland" gelangten in den Jahren 1898—1902 418 Brände zu seiner Kenntnis, welche durch elektrische Anlagen entstanden oder mit solchen in Zusammenhang zu bringen waren. Auf die einzelnen Jahre verteilen sie sich, wie folgt:

Auf das Jahr 1898 entfallen 42 Brände,
„   „   „   1899   „   85   „
„   „   „   1900   „   83   „
„   „   „   1901   „   100   „
„   „   „   1902   „   108   „
Auf den Zeitraum
1898—1902   „   418 Brände

Bei 194 Bränden, also 46 pCt. der Gesamtzahl, konnte die Ursache mit größerer oder geringerer Bestimmtheit angegeben werden, während in den übrigen Fällen Kurzschluß, Blitzschlag usw. angenommen werden mußte oder die Entstehung nicht aufgeklärt werden konnte.

Von 189 Bränden entstanden:

137 an Leitungsanlagen,

16 an Transformatoren, Apparaten und Sicherungen,

17 durch fehlerhafte Montage,

---

[16]) Zeitschrift des Bayrischen Revisions-Vereins für Kraft-, Heiz- und Licht-Anlagen 1903, S. 216 ff.

9 durch Erdschluß in feuchten Räumen, der an beiden Polen der Leiter gleichzeitig durch eine leitende Erdverbindung so vergrößert wurde, daß Kurzschluß entstand,

10 durch den Betrieb elektrischer Bogenlampen.

Von Grubenbränden, welche durch elektrische Anlagen verschuldet wurden, weiß die Literatur [17]) nur wenig zu berichten. Ein größerer Brand entstand in der Steinkohlengrube des Lugauer Steinkohlenbauvereins zu Lugau in Sachsen durch vorschriftswidrige Bedienung eines Motors, ein anderer in einem Staßfurter Kalibergwerke.

Da die Entstehung von Brandunfällen in elektrischen Betrieben, wo die Erhaltung einer dauernden Isolation auf Schwierigkeiten stößt und mechanische Beschädigungen der Leiter zu gewärtigen sind, sehr begünstigt wird und derartige Verhältnisse zu den Eigentümlichkeiten des Betriebes unter Tage gehören, so muß bei der Anlage unterirdischer Starkstromanlagen ganz besonders auch den Zufälligkeiten, welche Brände verursachen können, durch entsprechende Einrichtungen vorgebeugt werden.

Die Entzündungsgefahr explosibler Wettergemische und Kohlenstaubansammlungen.

Während die vorstehend geschilderten Gefahren mehr oder weniger in allen elektrischen Bergwerksanlagen auftreten, beschränkt sich die Gefahr der Entzündung von explosiblen Gasen und Kohlenstaubgemischen auf einen — in Deutschland den größeren — Teil der Steinkohlenbergwerke. Da nun gerade für die Steinkohlenbergwerke mit ihrem hohen Verbrauch an maschinellen Kräften zu Gewinnungs-, Förderungs-, Wetterführungs- und Wasserhaltungszwecken und ihren weitverzweigten Bauen die Einführung elektrischer Kraft von großer Wichtigkeit ist, war die Frage dieser Gefahr seit dem Auftreten des elektrischen Triebwerkes der Gegenstand eifriger Diskussion in Fachkreisen.

Außer den Schlagwettergruben haben von bergbaulichen Betriebsanstalten die Braunkohlenbrikett- und die Nebenprodukten-Fabriken, wo entzündliche Staubarten bezw. Gasgemische auftreten können, mit dieser Gefahr zu rechnen.

Die ersten größeren Versuche zur Ergründung der Explosionsgefahr wurden im Auftrage der preußischen Schlagwetterkommission von Professor Wüllner und Dr. Lehmann im Laboratorium der technischen Hochschule zu Aachen ausgeführt. Aus dem Ergebnis der Versuche folgert der Hauptbericht (Seite 154) der preußischen Schlagwetterkommission:

„Es dürfte demgemäß die Anwendung unterirdischer Motoren beziehungsweise elektrischer Kraftübertragung nur mit Beschränkung auf geringe Stromstärken zu gestatten sein, da allerdings schon ein zufälliges Zerreißen der Leitungsdrähte Gefahr bringen könnte. Namentlich aber möchten sich beispielsweise elektrische Lokomotiven oder ähnliche Dynamomaschinen, bei denen das Abspringen von Funken unvermeidlich ist, für Schlagwettergruben selbst in gut ventilierten Strecken, nicht empfehlen."

---

[17]) Erhard, der elektrische Betrieb im Bergbau, Halle 1902.

Das bedeutete eine gewaltige Einschränkung des Verbreitungsgebietes der elektrischen Kraftübertragung, die auf ihre Einführung in den deutschen Steinkohlenbergbau einen nachhaltigen Einfluß ausübte. Wie die preußische, hatten sich auch die Schlagwetterkommissionen des Auslandes und nebenbei eine Reihe namhafter Berg- und Elektrotechniker mit der Frage der Entzündungsgefahr befaßt. Die Ende der achtziger und anfangs der neunziger Jahre ausgeführten Versuche englischer Ingenieure, so der Gebr. Atkinson, des Professors Lupton, des Direktors Snell u. a., ergaben eine nur geringe Zündfähigkeit der Funkenbildungen, ließen aber dennoch die Anordnung von Schutzvorrichtungen an den einzelnen Apparaten erforderlich erscheinen. So entstanden Spezialkonstruktionen für Motoren und deren Zubehör, wie der Goolden-Motor, und Sicherheitskabel für Bergwerke von Atkinson, Nolet, Charleton und Cockerill. In jüngster Zeit hat eine englische, eigens zum Studium der Einführung der Elektrizität in den Bergwerksbetrieb eingesetzte Kommission sich eingehend mit der Gefahrenfrage befaßt.[18]) Die Versuche, welche Garforth, der Erfinder der bekannten Schrämmaschine, mit Elektromotoren neuerdings in einem mit Leuchtgasgemisch gefüllten Raum anstellte, haben von den anderorts ausgeführten Prüfungen abweichende Resultate nicht ergeben.

In Frankreich beschäftigten sich im Auftrage der Schlagwetterkommission Mallard, Le Chatellier, Chesnau und ohne besonderen Auftrag Couriot und Meunier mit dem Studium der Entzündungsgefahr. Die beiden letzteren stellten auch Versuche an, deren Ergebnisse Gegenstand eines Vortrags vor der Académie des Sciences waren.

In Belgien wurde die Frage durch die bereits erwähnte, 1893 eingesetzte Elektrizitätskommission, aus 4 Bergbeamten bestehend, studiert.

Den wertvollsten Beitrag zur Kenntnis der Zündungsgefahr elektrischer Apparate lieferten die ausgedehnten, in dieser Zeitschrift[19]) ausführlich beschriebenen Versuche, welche Bergassessor Heise und der Ingenieur Dr. Thiem von der Firma Siemens & Halske in der berggewerkschaftlichen Versuchsstrecke auf Zeche Consolidation bei Schalke anstellten.

Während die übrigen Experimentatoren Snell, Atkinson, Wüllner und Lehmann, Couriot und Meunier, sowie Garforth mit Laboratoriumsapparaten oder Leuchtgasgemischen arbeiteten, wurden in Schalke Motoren und Zubehörapparate aller Art, sowie Glüh- und Bogenlampen in Schlagwetter- und Kohlenstaubgemischen unter Verhältnissen, wie sie dem praktischen Betriebe entsprechen, eingehend geprüft. Die Ergebnisse stimmten mit denjenigen früherer Versuche nur teilweise überein. Eine Entzündung von Kohlenstaub konnte selbst bei den zur Verfügung stehenden gefährlichsten Sorten Westfalens nicht erzielt werden. Hinsichtlich der Schlagwetterentflammung wurde festgestellt, daß Funken- und Lichtbogenbildungen, sowie Glühwirkungen je nach den Umständen eine sehr verschiedene Zündfähigkeit haben, aber in allen Fällen gefährlich sind.

---

[18]) Englisches Blaubuch: Report of the department committee of the use of electricity in mines. 1903.

[19]) Glückauf 1898, Seite 1 ff.

Die bei den Versuchen gemachte Beobachtung, daß der Zündungseffekt von der Größe der Funkenbildung oder von der Intensität der Glühwirkung abhängt, deutet wie die fast regelmäßige Zündung durch Lichtbogen darauf hin, daß der Zündung eine Erhitzung des Funken, Lichtbogen oder Glühstelle umgebenden Gasgemisches vorangehen muß, wozu die Wärmeentwicklung kleiner Funken nicht ausreicht.

Die Werte der Stromstärke, Spannung und Selbstinduktion scheinen für die Zündfähigkeit nur insoweit in Betracht zu kommen, als sie das Entstehen größerer Funken, eines Lichtbogens oder einer intensiven Glühwirkung begünstigen; dafür sprechen die beiden extremen Fälle, daß einerseits eine Explosion bei der Zertrümmerung einer tragbaren Grubenlampe (Akkumulatorenlampe) erfolgte, deren in hoher Weißglut durchbrennender Leuchtfaden bereits mit etwa 6 V die nötige Wärme zur Erhitzung des Wettergemisches abgab, während andererseits aus demselben Grunde die Funken einer mit etwa 50 000 V statischer Spannung arbeitenden Reibungselektrisiermaschine (Bornhardtsche Zündmaschine) sich nur dann zündfähig erwiesen, wenn die Schlagweite $^{1}/_{2}$ mm überschritt. Der Erhitzungseffekt ist neben der Wärmeabgabe der Heizstelle von der Zusammensetzung, dem Feuchtigkeitsgehalte, der Temperatur und der Bewegung der Wetter abhängig.

Bei hohen Spannungen liegt infolge der stärkeren Inanspruchnahme des Isoliermaterials eine erhöhte Möglichkeit für die Bildung eines Stromaustrittes oder Kurzschlusses vor, welcher mit Funken- und Lichtbogenbildung oder Glühwirkung verbunden sein kann. Deshalb sind Hochspannungsanlagen auch inbezug auf die Schlagwettergefahr in eine höhere Gefahrenklasse einzureihen als Niederspannungsübertragungen.

Von Verunglückungen durch Schlagwetterexplosionen[20]), welche durch elektrische Wirkungen entstanden sind, ist nur ein Fall bekannt. Bei der Aufwältigung eines durch Explosion zerstörten Schachtes zu Karwin im Jahre 1895 verursachte der Glühfaden einer Akkumulatorenlampe (0,4 A bei 7 V) nach Zertrümmerung der Schutz- und Birnenglocke eine Schlagwetterexplosion, bei der 11 Personen zu Schaden kamen. Für die Schlagwettergefährlichkeit wetterdicht abgeschlossener elektrischer Apparate, selbst wenn diese nur geringe Dimensionen besitzen, spricht ferner die auf Grube Reden[21]) bei Saarbrücken erfolgte Explosion zweier Reibungszündmaschinen, in deren Schutzkästen Schlagwetter eingedrungen waren.

Die vorliegenden Erfahrungen über die Zündung von Schlagwettern durch elektrische Wirkungen lassen sich kurz in folgende Sätze zusammenfassen:

1. Intensive Funken, einerlei ob sie an Hoch- oder Niederspannungsstarkstrom- oder starkinduktiven Schwachstromkreisen, an Reibungszündmaschinen usw. auftreten, sind gefährlich;

2. Lichtbogen und Glühwirkungen sind höchst gefährlich.

---

[20]) Oesterreichische Zeitschrift 1895, Seite 410.
[21]) Glückauf 1895, Seite 1423.

Weitere Versuche werden in dieser Frage kaum etwas Neues bringen, sie werden für die Praxis nur von Vorteil sein, wenn sie zeigen, wie durch geeignete Schutzkonstruktionen die Gefahren dieser Auslösungen elektrischer Energie unschädlich gemacht werden können.

Die Blitzgefahr.

Von nebensächlicherer Bedeutung wie die vorgeschilderten Gefahren, aber immerhin erwähnenswert ist die Vergrößerung der Blitzgefahr, welche durch die Herabführung unterirdischer isolierter Leitungen unter Tage und ihre Verbindung mit oberirdischen Maschinen- und Leitungsanlagen verursacht wird. In der Literatur sind verschiedene Fälle angeführt, in denen der Blitz an elektrischen Leitungen unter Tage ging. In der Telluridegrube in Colorado wurde die Bewicklung der unterirdischen Motoren durch einen in die oberirdische Leitung gefallenen Blitz zum Schmelzen gebracht. Auf dem Bergwerke Abhooz et Bonne-Foi Hareng[22]) bei Lüttich zerstörte ein Blitzschlag die Isolatoren. Erwähnenswert erscheint es an dieser Stelle auch, daß im Clausthaler Bezirk nach dem Einschlagen eines Blitzes an Metallgegenständen Induktionsströme wahrgenommen wurden. Die Ströme waren so stark, daß die bei der Schiffsförderung auf der tiefen Wasserstrecke beschäftigten Personen durch die Berührung des eisernen Zugseiles empfindliche Schläge erhielten. Aus dem angeführten Beispiele geht hervor, daß die Blitzgefahr auch für die Leitungsanlagen unter Tage besteht und deshalb ein ausreichender Blitzschutz derselben geboten erscheint.

II. Teil: Die Gefahrenquellen elektrischer Bergwerksanlagen mit besonderer Berücksichtigung ihrer Einrichtung und der bestehenden Sicherheitsvorschriften.

Allgemeines.

Da die Bedeutung der Elektrizitätsgefahren je nach den Verhältnissen der verschiedenen Betriebe und je nach der Einrichtung und Verwendung des Kraftübertragungsapparates sehr wechselnd ist, erscheint es notwendig, die nähere Behandlung der einzelnen Gefahrenquellen mit einer Besprechung der in Betracht kommenden Eigentümlichkeiten des ober- und unterirdischen Bergbaues und einer kurzen Beschreibung der in Gebrauch stehenden Maschinen, Apparate und Leitungen zu verbinden.

Von den über Tage verwandten Elektromaschinen sind gewöhnlich nur für die Stromerzeuger und die größeren Motoren von Fördermaschinen, Ventilatoren, Pumpwerken usw. besondere staubfreie, trockene und gut gelüftete Räume vorhanden, die nur von sachkundigem Personal betreten werden und deshalb als „elektrische Betriebsräume" der Sicherheitsvorschriften gelten (§ 3 e).

---

[22]) Glückauf 1897, Seite 937.

Für die Motoren der Aufzüge, Haspel, Separation, Aufbereitung, Kokerei, Brikettfabrik, Salzmühlen und der Verladung werden dagegen abgeschlossene Maschinenkammern nur selten verfügbar sein; sie werden gewöhnlich bei den Arbeitsmaschinen selbst stehen, an den „Betriebsstätten" der Sicherheitsvorschriften, wo „andere als elektrische Betriebsarbeiten normalerweise vorgenommen werden". (§ 3 f.)

Zu den „feuergefährlichen Betriebsstätten und Lagerräumen", in denen leicht entzündliche Gegenstände erzeugt oder angehäuft werden" (§ 3g), gehören die Werkstätten der Grubenschreiner, die Magazine für gewisse Materialien (Öl usw.), zu den „explosionsgefährlichen Betriebsstätten und Lagerräumen", „in denen explosible Stoffe aufgespeichert werden, oder in denen sich betriebsmäßig explosible Gemische von Gasen, Staub oder Fasern bilden oder anhäufen können" (§ 3 h), Sprengstoffmagazine, Benzinkeller- und Füllräume bezw. einzelne Teile der Nebenprodukten- und Braunkohlenbrikettfabriken sowie der Gasanstalten. Die österreichische Bergpolizeivorschrift rechnet „Benzinlampenstuben, Benzinkammern, Benzolfabriken usw." ausdrücklich zu den Räumen dieser Kategorie (A. VI).

Der Fall einer Entzündbarkeit der ausziehenden Wetter über Tage trifft für die deutschen Verhältnisse nicht zu, da die Wetterführungen so bemessen sein müssen, daß der Schlagwettergehalt der Teilströme aus den Bauabteilungen unter einem sehr niedrigen Prozentsatz (im O. B. A.-Bezirk Dortmund 1 pCt.) bleibt, plötzliche stärkere Schlagwetterausbrüche nicht beobachtet worden sind und zudem die Ventilatoren die Wetter mit Hülfe der Ausblaseschlote so hoch in die Luft werfen, daß ein Zurücktreten der sofort diffundierenden Gasgemische in elektrische Betriebsräume an der Auszugsstelle nicht zu befürchten ist. Anders in Belgien, wo den plötzlichen Wetterausbrüchen (dégagements instantanés), begegnet werden muß, und in Oesterreich, wo in einzelnen Fällen der Schlagwettergehalt des ausziehenden Stromes sehr hoch ist.

Die belgische Verordnung widmet einen besonderen Anhang der Verhinderung dieser Gefahr, die österreichischen Bestimmungen gebieten „in Fällen in welchen die Grubenausziehwetter der Wetterschächte explosionsgefährliche Schlagwettergemische führen oder eine Beimengung solcher gewärtigen lassen", die Einstellung des Betriebs elektrischer Anlagen „in den durch den Zutritt solcher Schlagwettergemische gefährdeten Räumlichkeiten nächst der Wetteraustrittsstelle."

„Feuchte Räume" im Sinne der deutschen Vorschriften (§ 41) werden oft die Aufbereitungen, „Räume mit ätzenden Dünsten" (§ 42) oder Staubarten einzelne Betriebsstellen der Salinen, Kali- und Ammoniakfabriken darstellen. In den beiden letzteren Fällen sind auch vielfach die Bedingungen für „durchtränkte Räume" (§ 43) gegeben, „in denen erfahrungsgemäß durch ungewöhnlich starke oder gutleitende Feuchtigkeit die dauernde Erhaltung normaler Isolation erschwert und der Widerstand des Körpers der darin beschäftigten Personen gegen Erde erheblich vermindert wird."

Unter Tage häufen sich die Schwierigkeiten der Erhaltung einer guten Isolation außerordentlich.

Mit abgeschlossenen Maschinenräumen und einer Bedienung durch Fachpersonal kann nur bei den größeren Motoren zum Wasserhaltungs-, Streckenförderungs- und Ventilatorbetrieb gerechnet werden, die meistens in der Nähe der Schächte und in frischen Wettern aufgestellt werden.

Bezüglich dieser Maschinenräume treffen die deutschen Vorschriften folgende Bestimmungen (§ 46 g. Abs. 1 und 2):

„Maschinenräume sind möglichst trocken zu halten, insbesondere sind Pumpenkammern vom Sumpf möglichst abzuschließen. Wo Tropf- und Spritzwasser auftreten, sind die Maschinen und Zubehör dagegen ausreichend zu schützen."

Daß selbst bei der Beobachtung der schwerdurchführbaren Vorschriften in den beiden letzten Sätzen unter ungünstigen Umständen die Isolation gefährdet wird, beweisen unter anderem die Betriebsstörungen an einem Wasserhaltungsgleichstrommotor der Zeche Deutscher Kaiser.[23]) Sie wurden dadurch verursacht, daß die während des Ganges des Motors erwärmte Luft des Pumpenraumes sich mit Wasserdampf sättigte, den sie bei der Abkühlung während des Stillstandes des Motors als Kondenswasser auf dem Kollektor und der Wicklung niederschlug. Die Kondenswasserbildung beseitigte man durch die Heizung des Motors während der Betriebspausen mit Hülfe einiger angebauter Widerstandsspulen. Bei den für die Betätigung der Pumpen neuerdings fast ausschließlich verwandten Drehstrommotoren genügt es, die Bewicklung nach längerem Stillstand mit Strom auszutrocknen, ein Verfahren, das durch die deutschen Sicherheitsvorschriften (§ 46 g. Abs. 2) und die Wiener Bergpolizeiverordnung vorgeschrieben ist (B. I. Abs. 3).

Je weiter die Motoren in das Innere des Grubengebäudes vorgeschoben sind, um so mehr häufen sich die Schwierigkeiten der Erhaltung der Isolation von Maschinen, Apparaten und Leitungen. Bei den Hilfspumpen, kleinen Luftkompressoren, Förderhaspeln, Sonderventilatoren kann mit einer Bedienung durch gut instruiertes Personal, mit frischen, schlagwetterfreien Wettern und mit staubsicheren, trockenen Maschinenkammern nicht mehr gerechnet werden. Im besten Falle wird sich ein Verschlag um den Motor bauen lassen, welcher der Belegschaft den Zutritt versperrt, nicht aber gegen Staub und Feuchtigkeit schützt. Die Wiener Bergpolizeiverordnung trifft bezüglich dieses Punktes die folgende Bestimmung (A. II. 1.):

„In Räumlichkeiten obertags und in der Grube, in welchen brennbare oder elektrisch leitende Stoffe in feiner Verteilung (Kohlen- und Erzstaub, Holzmehl u. dgl.) in erheblichen Mengen sich ansammeln, müssen Stromerzeuger, Elektromotoren, Umformer, dann die zugehörigen Widerstände, Sicherungen und Schaltvorrichtungen in gesonderten, versperrbaren und vollwändigen Verschlägen oder in staubdichten Schutzgehäusen untergebracht werden."

---

[23]) Die Entwicklung des Niederrheinisch-Westfälischen Steinkohlenbergbaues in der 2. Hälfte des 19. Jahrhunderts. S. 331/2.

Einfacher und sicherer wird die Anordnung staubdichter Schutzgehäuse sein, auf welche man bei lokomobilen Motoren (Lokomotiven, fahrbaren Luftkompressoren und Pumpen, einhängbaren Abteufpumpen, kleinen Separatventilatoren, Schräm- und Bohrmaschinen) ohnehin angewiesen ist.

Die gefährlichste Gruppe der Motoren stellen die drei letztgenannten dar, welche einem nur wenig angelernten Personal, den Ortsbelegschaften, den Zimmerhauern usw. in die Hand gegeben werden müssen und in den Örtern oder im Abbau gebraucht werden. Zu den Schwierigkeiten, welche die größere Staubbildung, die von Tropf- und Kondenswassern, der Berieselung usw. herrührende Feuchtigkeit und die vermehrte Schlagwettergefahr verursachen, tritt hier die sehr naheliegende Möglichkeit einer Beschädigung der Isolation durch mechanische Einwirkungen. Fehlgehende Gezähehiebe, Steinfälle, welche auch bei der von der belgischen und österreichischen Verordnung (Art. 30 bezw. B. IV) geforderten „sorgfältigen Instandhaltung der Strecken und Räume, in denen elektrische Maschinen, Leitungen, Lampen u. dergl." installiert sind, nicht gänzlich zu vermeiden sind, umherfliegende Sprengstücke können nicht allein die Isolierhüllen der Leitungen usw. zerquetschen, sie verursachen unter Umständen so starke Formveränderungen der Gehäuse von Motoren und Apparaten, daß das Metall derselben mit stromführenden Leitern in Kontakt kommt. Einen Schutz gegen diese Einflüsse bietet nur eine sehr stark bemessene, gegen Feuchtigkeit besonders widerstandsfähige Isolation, die von den deutschen Sicherheitsvorschriften (§ 46 g. 1) verlangt wird, ferner eine kräftige und dichte Umkapselung aller stromführenden Teile und gegebenenfalls erprobte Sicherheitskonstruktionen, welche Schlagwetterexplosionen verhindern. Die Betriebsspannung bei derartigen Motoren sollte 250 V nie überschreiten.

Neben diesen Umständen, welche sich aus der Verwendung der Motoren unter Tage ergeben, müssen bei der Konstruktion des für unterirdischen Betrieb bestimmten elektrischen Materials die Erfahrungen berücksichtigt werden, welche man mit den gebräuchlichen Isoliermitteln in der Grubenatmosphäre gemacht hat.

Isoliermaterialien, welche sich bei oberirdischen Installationen als zuverlässig erwiesen haben, versagen dort vollkommen. Kautschuk, Guttapercha, Ozokerit, Paraffin usw. verlieren oft unter dem Einfluß der sauren Grubenwasser, der aus den zersetzten Sprengstoffen herrührenden salpetrigen und schwefligen Gase, stickiger Luft und des steten Temperaturwechsels ihren Isolationswiderstand. Gummi zeigt unter diesen Einflüssen Blähungen und ein Morschwerden, das auch bei Flanschendichtungen von unterirdischen Luftleitungen usw. beobachtet wird. Verfasser sah im Jahre 1891 auf Grube Hohegrethe (Revier Wied) ein Guttaperchakabel, dessen Hülle die aus dem eisernen Hut zusitzenden Wasser bis zu den Drähten durchgefressen hatten. Bei der Schachtleitung der älteren Ventilatoranlage auf Zeche Rhein-Elbe bei Gelsenkirchen wurde in kurzer Zeit die Isolationshülle lediglich durch die Einwirkung der ausziehenden Wetter so zerstört, daß man sich zum Einbau einer neuen, besser geschützten Leitung in den einziehenden Schacht entschließen mußte. Die feuchtwarme und mit

Sprengstoffdämpfen geschwängerte Grubenluft zerstört bei längerer Dauer der Einwirkung selbst gut imprägnierte Faserisolierstoffe, indem sie die Imprägnationsmasse zersetzt und auch der Fasergespinnstumhüllung ihren Zusammenhalt raubt. Der einer Vermoderung ähnelnde Zersetzungsvorgang dürfte durch die zeitweilige Erwärmung der Leiter beim Betriebe sehr befördert werden. Unberührt von diesen Einflüssen bleibt die Glimmerisolation, welche bei dem Bau von Hochspannungsapparaten zur Abdeckung der Metallteile des Gestells ausschließlich verwendet wird. Asbestumhüllungen von Widerstandskörpern, Schmelzsicherungen usw. verlieren in der feuchten Grubenluft und unter der Einwirkung des auf ihnen abgesetzten leitenden Kohlen-, Salz- oder Erzstaubes ihre Isolationsfähigkeit vollkommen. Ebenso haben sich Schiefer und auch Marmor selbst in poliertem Zustande in feuchten Grubenräumen nicht bewährt; der Marmor versagte auf dem Zieglerschachte bei Nürschau[24]) in Böhmen schon bei einer Mittelspannungsanlage. Diese Materialien dürfen wohl zu Konstruktions-, aber nicht zu Isolationszwecken verwandt werden. Eine Imprägnation dieser Stoffe mit Paraffin usw. wird bei der stark oxydierenden Wirkung der Grubenwetter nicht viel nützen. Daß Holz, selbst mit Paraffin getränkt, in Gruben nicht zu gebrauchen ist, ergibt sich aus den Erfahrungen in dem oben erwähnten Betriebe, wo sich derartig präparierte Holzunterlagen stromführender Blankleiter entzündeten und sich auch hölzerne Handgriffe von Apparaten als unzuverlässig erwiesen. Isolierkörper aus Glas und Porzellan, letztere insofern sie eine haltbare Glasur besitzen, sind das geeignete Material zur Verlegung blanker Leiterteile für Grubenapparate.

In den deutschen Sicherheitsvorschriften sind die Isolierstoffe für Niederspannung nicht näher bezeichnet. Als gegen Hochspannung isolierend gelten nach § 3 Abs. 3 faserige oder poröse Isolierstoffe, die mit geeigneter Isoliermasse getränkt sind, ferner feste Isolierstoffe, die nicht hygroskopisch sind. Die aus diesen Stoffen ausgeführten Isolationen sollen so bemessen sein, daß sie bei den im Betriebe vorkommenden Temperaturen bis zu 5000 V das doppelte der Betriebsspannung, von 5000—10 000 V eine Überspannung von 5000 V, über 10 000 V das $1^1/_2$ fache der Betriebsspannung eine halbe Stunde aushalten, ohne durchschlagen zu werden. „Material, wie Holz und Fiber, darf nur unter Öl und nur mit geeigneter Isoliermasse imprägniert als Isoliermaterial angewendet werden.“

Die österreichische Bergpolizeiverordnung läßt sich bei diesem Punkte auf Einzelheiten ein, indem sie bestimmt (A. 2):

„Untertägige elektrische Maschinen sind derart auszuführen, daß selbst bei dauernder Vollbelastung folgende Werte der Temperaturzunahme bei isolierten Wicklungen, Kollektoren, Schleifringen nicht überschritten werden: bei Verwendung von Baumwollisolierung 40⁰ C, Papierisolierung 50⁰ und bei ausschließlicher Isolierung durch Glimmer, Asbest und deren Präparate 70⁰. Sollte die Lufttemperatur des umgebenden Raumes 40⁰ C übersteigen, so sind

---

[24]) Österreichische Zeitschrift 1898, Seite 529 ff.

nur entsprechend geringere Temperaturzunahmen zulässig. In besonderen Ausnahmefällen kann bei Maschinenkonstruktionen, wie beispielsweise Solenoidbohrmaschinen, welche auschließlich aus Metall und feuersicheren Isoliermaterialien, wie Glimmer, bestehen, von dieser Beschränkung abgesehen werden".

Einen großen praktischen Wert hat diese Bestimmung nicht. Wer kontrolliert das Isoliermaterial innerhalb einer geschlossenen Anker- oder Magnetwicklung und wer wacht dauernd darüber, daß die festgesetzten Temperaturgrenzen, beispielsweise beim Betriebe eines Förderhaspels, nicht überschritten werden?

Auch der folgende Absatz beschäftigt sich mit den Isoliermaterialien und setzt fest:

„Das Isoliermaterial muß feuchtwarmer Grubenluft dauernd widerstehen können; hygroskopische Materialien, wie Preßspahn, Fiber, Papiermaché u. dergl., genügen nicht als Isoliermaterial, falls sie nicht entsprechend imprägniert sind, können aber neben anderen isolierenden, nicht hygroskopischen Materialien angewendet werden."

Besondere Aufmerksamkeit ist der Verhinderung eines Stromaustrittes über die Oberfläche der Isoliermaterialien, der Oberflächenleitung, zuzuwenden, welche unter Tage auch bei einwandfreien Isoliermitteln durch die Grubenfeuchtigkeit und die Bildung einer leitenden Flüssigkeits- oder Staubschicht auf den Isolierflächen ermöglicht wird. In nassen Gruben wird man sogar mit einem Übersickern der Isolierkörper durch Tropfwasser zu rechnen haben. Ebenso können Anflüge von leitendem Staub selbst in trockenen Betrieben einen Stromaustritt ermöglichen. Kommt die Feuchtigkeit hinzu, so verdichtet sich die Staubschicht zu einer leitenden Kruste. In einem Falle wurden auch Störungen der Isolation durch Eisenoxydabsatz aus Sickerwassern, in einem anderen durch Pilzwucherungen, welche die Isolatorfläche überkletterten, verursacht.

Zur möglichsten Beschränkung der Oberflächenleitung sehen die deutschen Vorschriften eine derartige Bemessung und Gestaltung für die Isolatoren vor, daß „ein merklicher Stromübergang unter normalen Umständen nicht eintreten kann".

Unbedingt notwendig ist in staubigen Betriebsräumen eine des öfteren zu wiederholende Reinigung der Isolatoren, der ihnen benachbarten Gehäuse, Schutzkästen, sowie der Leitungen, worüber die österreichischen und belgischen Vorschriften ausdrücklich Bestimmungen treffen.

Die deutschen „Betriebsvorschriften" verlangen in § 3d:

„Die Betriebsmaterialien und Schutzvorrichtungen, sowie alle Betriebsräume sind in gutem Zustande und rein zu erhalten. Unter Spannung befindliche Betriebsmittel dürfen nur unter Beachtung besonderer Verhaltungsvorschriften gereinigt werden."

Sehr wichtig für die Beurteilung der Gefährlichkeit einer Installation ist die Prüfung des Isolationswiderstandes.

Die deutschen Vorschriften bestimmen für beide, Nieder- und Hochspannung, eine Prüfung der Anlage mit der Betriebsspannung und verlangen vor jeder Neuinbetriebsetzung und nach jeder Erweiterung eine Isolationsbestimmung mit einem Strome von mindestens 100 V (§ 2 a).

Die Betriebsvorschriften (§ 3 g) des Elektrotechnikerverbandes äußern sich über diesen Punkt, wie folgt:

„Maschinen, Apparate und Leitungen sind nach längerer Außerbetriebsetzung, besonders, wenn dieselben in feuchten Räumen sich befinden, vor der Inbetriebnahme auf Isolation zu prüfen, und letztere ist erforderlichenfalls wieder herzustellen.“

Der Absatz b (§ 2 der Sicherheitsvorschriften) setzt fest, daß bei diesen Prüfungen nicht allein die Isolation zwischen den Leitungen und der Erde, sondern auch die Isolation je zweier Leitungen verschiedenen Potentials gegeneinander gemessen wird. Der übrige Teil des Absatzes b und der Absatz c geben Vorschriften über die Ausführung der Isolationsmessungen. Absatz d beschäftigt sich mit dem Isolationswiderstande, der bei Niederspannung 1000 Ohm multipliziert mit der Voltzahl der Betriebsspannung betragen soll. Bei Hochspannung muß jede Teilstrecke zwischen 2 Sicherungen oder hinter der letzten Sicherung eine entsprechend dem Wachsen der Volts von dem 1000 fachen auf das 480 fache herabgehende Zahl an Ohms aufweisen. Bei Spannungen über 1000 V soll der Isolationswiderstand mindestens 500 Ohm für das Volt betragen.

Ausnahmen werden bei Nieder- und Hochspannung für Anlagen in feuchten Räumen (Abs. e) und Freileitungen zugelassen (Abs. f).

Für feuchte Räume ist kein bestimmter Isolationswiderstand, sondern nur möglichst sorgfältige Isolierung vorgeschrieben. Befindet sich nur ein Teil einer Anlage in feuchten Räumen, so muß er bei den nach Absatz b und c an der übrigen Installation vorzunehmenden Isolationsmessungen abgeschaltet werden. Niederspannungsfreileitungen sollen bei feuchtem Wetter für das Kilometer einfacher Länge 20 000 Ohm aufweisen, bei Hochspannung 80 Ohm für das Volt und Kilometer einfacher Länge. In letzterem Falle braucht der Isolationswiderstand aber $1^1/_2$ Millionen Ohm nicht zu überschreiten (Abs. f). Bei Hochspannungsanlagen sind an den Stromerzeugern Vorrichtungen vorzusehen, durch welche die Isolation auch während des Betriebes kontrolliert werden kann.

Die belgische und österreichische Bergpolizeiverordnung geht angesichts der besonders großen Gefahren, welche Isolationsfehler unter Tage hervorrufen können, mit vollem Recht weiter, indem sie derartige Apparate (Erdschlußprüfer) auch für Niederspannung vorschreiben.

Erstere besagt im Art. 13: „Die Leitung ist des öfteren auf gute Isolation zu prüfen; zu diesem Zwecke ist ein Erdschlußzeiger am Ausgangspunkte des Hauptstromkreises aufzustellen.“

Letztere verlangt unter B. I eine vierteljährliche Prüfung der Isolation „aller Teile“ und außerdem „täglich sowohl beim Anlassen der Maschinen als auch wenige Stunden nachher während des Betriebes“ eine Untersuchung der Anlage auf grobe Isolationsfehler, welche mittels des Schaltbrett- und Schlußprüfers vorgenommen werden soll. Ein durch das Instrument nachgewiesener grober Isolationsfehler muß sofort beseitigt werden.

„Über diese Prüfungen ist ein Buch zu führen."

Die Hallenser Bergpolizeiverordnung vom 7. März 1903 verlangt für die Maschinen, Apparate und Leitungen eine derartige Isolation, daß eine unbeabsichtigte Ableitung des Stromes nicht eintreten kann (§ 132).

Als weitere Eigentümlichkeiten des unterirdischen Betriebes, welche ebenfalls, wenn auch in geringerem Maße, die Gefährlichkeit elektrischer Anlagen vergrößern, sind anzuführen:

1. Der Raummangel, welcher es meistens verhindert, Teile des elektrischen Apparates lediglich durch Verlegung in schwer erreichbarer Höhe unzugänglich zu machen, wie das über Tage möglich ist.

2. Die Schwierigkeit der Überwachung unterirdischer Apparate und vor allem weit verzweigter Leitungsnetze, bei denen die Aufsuchung von Fehlern sehr schwer und die Gelegenheit zur absichtlichen Beschädigung oder mutwilligen Berührung stromführender Leiterteile sehr leicht ist.

Die Fälle, in denen Personen elektrische Leiter absichtlich berührten und dabei zu Schaden kamen, sind leider nicht vereinzelt geblieben.

Unter anderem ist ein Unfall auf der Ferdinandgrube in Oberschlesien wenigstens indirekt durch diese Unsitte veranlaßt worden, indem nicht der Mutwillige selbst, sondern sein Retter, der ihn von der stromführenden Leitung abzureißen versuchte, getötet wurde. Der Grund für die mutwillige Berührung ist Renomagetrieb, der teilweise dadurch hervorgerufen werden dürfte, daß die Warnungen vor der Gefährlichkeit der Elektrizität bei Arbeitern deshalb wenig Glauben finden, weil sich diese nicht wie andere Gefahren äußerlich zu erkennen gibt.

3. Die oft unzureichende Beleuchtung der Grubenräume fördert die Möglichkeit einer unabsichtlichen Berührung, indem sie verhindern kann, daß der gefährliche Leiter rechtzeitig erkannt wird.

Die österreichische Polizeiverordnung trifft daher die zweckmäßige Bestimmung (B. V):

„Das Betreten von Räumen, in denen sich elektrische Maschinen befinden, ist nur bei ausreichender Beleuchtung derselben gestattet."

In demselben Sinne verordnen die deutschen Betriebsvorschriften (§ 3a): „Betriebsräume müssen, so lange Personen sich darin aufhalten, hinreichend beleuchtet sein."

Gegen die Brandgefahr richten die Sicherheitsvorschriften folgende Bestimmungen:

für feuergefährliche Betriebsstätten:

§ 39a Abs. 1. „Spannungen über 1000 V sind nicht zulässig."

Abs. 2. „Die Umgebung von Dynamomaschinen, Elektromotoren, Transformatoren, rotierenden Umformern, Widerständen usw. muß von entzündlichem Material freigehalten werden können."

In demselben Sinne äußern sich die „Betriebsvorschriften" (§ 3 e), welche noch verlangen, daß Putzwolle in besonderen Metallkästen untergebracht wird.

Des weiteren verlangen die Sicherheitsvorschriften:

§ 39 b. „Bei Anordnungen von Sicherungen, Schaltern und ähnlichen Apparaten, in denen betriebsmäßig Stromunterbrechung stattfindet, ist besonders auf sichere Schutzhüllen aus isolierendem Material zu achten."

Dasselbe verfügen die bergpolizeilichen Vorschriften: Allg. B. P. v. Breslau v. 18. Jan. 1902, § 209, Schutz gegen elektrische Anlagen.

„Elektrische Maschinen und Leitungen sind derartig anzubringen und zu verwahren, daß durch sie Unfälle ohne grobes Verschulden ausgeschlossen und Feuersgefahren möglichst verhindert werden."

Nach der Polizeiverordnung des O. B. A. Halle, § 132 Abs. 2

„ist Vorsorge zu treffen, daß durch etwa entstehende Funken- oder Lichtbogenbildung sowie durch Wärmeentwicklung in den Widerständen benachbarte brennbare Stoffe nicht entzündet werden."

Die österreichischen Vorschriften sprechen sich im gleichen Sinne wie der § 39 a Abs. 2 der Bestimmungen des Elektrotechnikerverbandes aus.

Die belgische Verordnung schreibt in Art. 23 vor:

„Jeder übermäßigen Erhöhung der Temperatur innerhalb des Stromkreises muß sofort dadurch begegnet werden, daß man die Schnelligkeit der Maschinen vermindert oder in den Stromkreis einen Hülfswiderstand einschaltet."

Der Wert dieser Bestimmung ist praktisch nur gering. Wie soll der Maschinenwärter merken, daß an irgend einer entfernten Stelle des Stromkreises eine Erhitzung der Leiter eintritt? Wirksamer wird einer Erhitzung infolge Überlastung der Leitung durch die Einschaltung von Schmelzsicherungen oder automatischen Ausschaltern vorgebeugt.

Besondere Vorsichtsmaßregeln sind bei der Löschung von Bränden an elektrischen Anlagen zu beobachten. Weil das gebräuchlichste Löschmittel, das Wasser, bei höheren Spannungen zum guten Leiter wird, führt das Anspritzen elektrischer Leiter zur Bildung oder Vergrößerung der feuerverursachenden Kurzschlüsse. Noch bedenklicher ist das Anwachsen der Berührungsgefahr, da der Strahlführer sich beim Anspritzen der Leiter in einen Stromkreis: Leiter — Wasserstrahl — Erde einschaltet. Starke Betäubungen von Feuerwehrleuten bei Bränden an oder in der Nähe elektrischer Anlagen haben Veranlassung zu dem § 3 Abs. f der Betriebsvorschriften gegeben, welcher das Anspritzen unter Spannung stehender Teile verbietet und für das Löschen nur elektrisch indifferente Mittel, wie z. B. trockenen Sand, zuläßt, der an passenden Stellen bereit zu halten ist.

Die Verwendung von Hochspannung in explosionsgefährlichen Betriebsstätten und Lagerräumen über Tage wird durch die deutschen Vorschriften verboten. (§ 40 a.)

Bei Niederspannung dürfen „in solchen Räumen Dynamomaschinen, Elektromotoren, Transformatoren, Umformer und Widerstände nur in besonderen luft- und staubdichten Schutzkästen aufgestellt werden."

Bei Braunkohlenbrikettfabriken läßt eine besondere Bergpolizeiverordnung des Oberbergamts Halle vom 14. Mai 1898 im § 9 Abs. 1 die eben aufgezählten Teile des elektrischen Apparates, sowie Schaltvorrichtungen, Sicherungen usw. nur in denjenigen Räumen zu, in denen eine Entwicklung oder ein Zudrang von Kohlenstaub ausgeschlossen ist.

Ausgenommen sind solche Elektromotoren, bei denen die Stromzuführung ohne Vermittlung von Bürsten und Kollektoren erfolgt, sofern sie in besondere luft- und staubdichte Schutzkästen eingeschlossen sind.

Allgemeine Vorschriften über die Explosionsgefahr in Schlagwettergruben geben die deutschen Sicherheitsvorschriften, sowie die belgischen und österreichischen Bergpolizeiverordnungen.

Die Nieder- und Hochspannungsvorschriften des Elektrotechnikerverbandes unterscheiden im § 46 (Abs. Allgemeines) für die „Ausführung elektrischer Anlagen in Bergwerken“ zwischen schlagwetterfreien und Schlagwettergruben.

Zu der letzteren Gattung gehören die Gruben, welche von der zuständigen Bergbehörde als solche bezeichnet worden. „Nicht durch Schlagwetter gefährdete Teile von Schlagwettergruben sind unter Vorbehalt der Genehmigung durch die Bergbehörde zu behandeln wie schlagwetterfreie Gruben. Für schlagwetterfreie elektrische Betriebsräume finden nur die allgemeinen Vorschriften, nicht aber die (—) besonderen Bestimmungen Anwendung.“

Die Instruktion der Berghauptmannschaft Wien ist schärfer. Sie verlangt Sicherheitsmaßregeln, welche weiter unten eingehender besprochen werden, für alle Grubenräume, „für welche Sicherheitsgeleuchte vorgeschrieben ist.“

Über den Betrieb von elektrischen Anlagen in schlagwettergefährdeten Räumen und Strecken wird im Art. 30 der belgischen Verordnung folgendes festgesetzt:

„Die Wetter darin sind von dem Aufsichtspersonal bei jeder Befahrung und von den mit der Handhabung und Überwachung jener Apparate besonders betrauten Arbeitern in häufigen Zwischenräumen zu untersuchen, um sich über die etwaige Bildung eines entzündlichen Gemisches zu vergewissern. Wird das Vorhandensein eines solchen Gemisches festgestellt, so ist der Betrieb der elektrischen Apparate abzustellen.“

Um dem Personal auch bei ausschließlich elektrischer Beleuchtung eine stete Beobachtung des Schlagwettergehaltes zu ermöglichen, bestimmt der Art. 29: „Genügend empfindliche und sichere Schlagwettermesser sind an allen Punkten, an denen ihr Vorhandensein für notwendig erachtet wird, der Belegschaft zur Verfügung zu stellen.“

Ähnlich wie der Art. 30 spricht sich die Instruktion der Berghauptmannschaft Wien aus. Sie setzt in B. XII fest: „Ist für die Grubenräume, in welchen sich eine elektrische Anlage befindet, Sicherheitsgeleuchte vorgeschrieben, so müssen vor jeder Inbetriebsetzung der Anlage nach mehr als dreistündiger Betriebsunterbrechung, sowie auch in häufigen Zwischenräumen während des Betriebes die Wetter auf ihren Grubengasgehalt untersucht werden; zeigt sich hierbei ein solcher von mehr als 1,5 pCt., so ist der elektrische Betrieb in dem betreffenden Grubenbau einzustellen.“

Spezieller Teil.

Maschinen-Anlagen.

Bezüglich der Berührungsgefahr liegen die Verhältnisse über Tage unendlich viel günstiger als unter Tage. Die Primärstationen neuerer elektrischer Bergwerksanlagen wetteifern in Güte und Eleganz der Ausführung mit den Elektrizitätswerken großer Städte.

Die Hochspannungsmaschinen (Generatoren und Motoren) müssen nach § 25 c der deutschen Vorschriften entweder gut isoliert und dann mit einem gut isolierenden Bedienungsgange umgeben sein oder, was bei größeren Typen leichter auszuführen ist und deshalb meistens geschieht, „mit den Gehäusen geerdet und mit dem Fußboden in ihrer Nähe, soweit er leitend ist, leitend verbunden sein".

In der belgischen Verordnung ist die Erdung nicht zugelassen, es wird verlangt (Art. 1 S. 2), „daß die Apparate gegen die Fundamente, auf denen sie ruhen, in elektrischer Beziehung vollkommen zu isolieren sind".

Nach den deutschen Vorschriften (§ 46 g. 1 Abs. 2) müssen bei unterirdischen Maschinen alle stromführenden Teile gegen Berührung geschützt sein, wenn die Spannung eines Poles gegen Erde mehr als 250 V beträgt. Die Hallenser Bergpolizeiverordnung bestimmt im gleichen Sinne (§ 132 S. 1):

„Die stromführenden Teile der elektrischen Maschinen und Apparate sind so zu isolieren, daß eine unbeabsichtigte Ableitung des Stromes nicht eintreten kann; sie sind derartig anzubringen oder zu verwahren, daß sie von Unbefugten ohne deren Verschulden nicht berührt werden können."

Den Begriff der Erdung definiert der § 3 b der deutschen Vorschriften folgendermaßen:

„Einen Gegenstand im Sinne dieser Vorschriften erden heißt ihn mit der Erde derart leitend verbinden, daß er eine für unisoliert stehende Personen gefährliche Spannung nicht annehmen kann."

Über die Ausführung der Erdung bestimmt der § 25 c, Satz 3:

„Zur Erdung und zur Verbindung mit dem Fußboden sollen Kupferdrähte von mindestens 25 qmm Querschnitt benutzt werden, die gegen schädliche mechanische und chemische Eingriffe geschützt sind.

In beiden Fällen sollen ihre stromführenden Teile während des Betriebes der zufälligen Berührung entzogen werden."

Über Tage läßt sich die Erdung beispielsweise dadurch erzielen, daß von dem betreffenden Gegenstand eine Leitung zu einer Kupferplatte geführt wird, die in einer dauernd feuchten Erdschicht liegt.

Bei unterirdischen Anlagen wird die Erdung sich beim Vorhandensein von Sümpfen, Röschen, Berieselungsleitungen usw. auch verhältnismäßig einfach ausführen lassen. Schwierigkeiten werden auftreten in ganz trockenen Strecken, wie sie sich im Kohlen- und vor allem im Salzbergbau häufig finden. Hier wird man zu dem Notbehelf greifen müssen, daß man eine Erdleitung aus blanken Kupferdrähten, alten Förderseilen usw. zur nächsten Rösche oder, wenn eine solche überhaupt nicht zu erreichen ist, zu den Schienen der Förderbahn führt, welche infolge ihrer großen Berührungsfläche mit der Erde den Strom auch in trockenen Gruben genügend ableiten dürften.

Die Erdung schützt nicht allein gegen einen direkten Stromaustritt von ungenügend isolierten Leitern auf die Gehäuse der Maschinen und Apparate, sowie die Blei- und Eisenbewehrung der Kabel, sie macht auch die .in diesen Leitern induzierten Ladungsströme unschädlich.

Bei Gleichstrommaschinen, welche in Salzbergwerken betrieben wurden, begünstigte die Erdung das Entstehen elektrolytischer Wirkungen, welche durch die Zersetzung des feuchten Salzes starke Korrosionen der Maschinengestelle und Kabelbewehrungen verursachten. In diesen Fällen wird es empfehlenswerter sein, von dem andern durch die Sicherheitsvorschriften zugelassenen Mittel Gebrauch zu machen und die Maschinen zu isolieren.

Haben die Maschinenkammern unter Tage den Charakter von durchtränkten Räumen, so müssen die Maschinen nach den deutschen Vorschriften (§ 49 g. 3) immer mit einem isolierenden Bedienungsgang umgeben sein.

Der isolierende Bedienungsgang wird in Bergwerken auch bei geerdeten Maschinen usw. gute Dienste tun, weil dann auch der versehentlichen Berührung eines stromführenden Blankleiters die Gefährlichkeit genommen wird.

Der Bedienungsgang wird am einfachsten durch einen Linoleum- oder Kautschukplattenbelag[25]) hergestellt, welcher bis zu etwa 1000 V Spannung schützen soll und bei ortsbeweglichen Motoren leicht mitgeführt werden kann. Die isolierende Wirkung geht natürlich bei einer Verletzung der Isolierplatten durch eingetretene Schuhnägel usw. verloren.

Ein Asphaltfußboden schützt ebenfalls, doch nutzt sich dieses Material bei der Beschmutzung mit vergossenem Maschinenöl rasch ab. Das gebräuchlichste und sicherste Verfahren zur Herstellung des Bedienungsganges ist die Verlagerung eines mit Leinöl getränkten und gut gefirnißten Bretterpodiums auf gläsernen oder porzellanen Rillenisolatoren. Die auf dem Bedienungsgang stehende Person ist zwar gegen die Gefahr eines Stromaustritts aus dem Gestell der Maschinen und Apparate geschützt, nicht aber gegen die, welche aus einer gleichzeitigen Berührung zweier Pole oder eines Poles und des geerdeten Maschinengehäuses usw. entspringt. Ihr kann nur dadurch begegnet werden, daß die erforderlichen Arbeiten oder Manipulationen mit isolierten Instrumenten oder Händen ausgeführt werden.

Die zur Isolierung der Hände dienenden Schutzhandschuhe bestehen gewöhnlich aus einem mehrfach übereinanderliegenden inneren Trikotgewebe von Wolle, Seide oder Hanf, dessen Nähte zur Verhinderung des Reißens mit Gewebestreifen überdeckt sind, und einem äußeren nahtlosen Gummihandschuh mit langer Manschette. Seltener finden sich Handschuhe, bei denen die äußere Hülle durch zusammengenähte und unter sich verkittete Blätter von Kautschuk und Leder gebildet wird. Bei Versuchen, die von

---

[25]) Dr. C. L. Weber: Erläuterungen zu den Sicherheitsvorschriften für die Errichtung von Starkstromanlagen.

der Association des Industriels de France[26]) veranstaltet wurden, war der Widerstand von Handschuhen verschiedener Ausführung und Herkunft außerordentlich verschieden. Bei trockenen Handschuhen wechselte er zwischen 540 und 52 500, bei feuchten zwischen 22 und 420 Ohm.

Die Schutzhandschuhe verlieren natürlich ihre Wirksamkeit, wenn sie durch scharfe Instrumente usw. durchlöchert werden oder infolge langen Gebrauches zerschleißen. Es ist deshalb streng darauf zu achten, daß der Zustand ein tadelloser ist, weil sonst der vermeintliche Schutz eine große Gefahr bedeuten würde.

Für Arbeiten, die außerhalb des isolierenden Bedienungsganges vorgenommen werden müssen, ist dringend der Gebrauch von Isolierschuhen, hohen Kaloschen aus dickem, reinem Gummi zu empfehlen.

Fig. 3.
Schutzanzug von Artemieff.

Werden während des Betriebes Arbeiten an ausgedehnteren Hochspannungs-Schaltanlagen vorgenommen, wie beispielsweise in den Räumen hinter den Schalttafeln, wo viele stromführende Blankleiter freiliegen, so bieten Schutzmittel, wie Gummihandschuhe und Galoschen, nur bedingte Sicherheit, weil sie wohl Hände und Füße, nicht aber andere freiliegende Hautflächen, wie das Gesicht, und leitende Stellen des Anzuges schützen. Der Strom könnte beispielsweise am Nacken eintreten und an irgend einer feuchten Stelle des Anzuges wieder austreten.

Diesem Mißstand will der von dem russischen Professor Artemieff zum Patent angemeldete, in Deutschland von den Siemens-Schuckertwerken vertriebene Schutzanzug abhelfen. Fig. 3 zeigt den mit Kopfhaube, Hand- und Fußschutz versehenen Anzug, der den ganzen Körper umgibt, fertig zum Gebrauch angelegt. Er besteht aus einem feinen, biegsamen Metallgewebe, welches auf einen Leinenstoff aufgenäht ist. Ein austretender Strom wird seinen Weg durch die Drahtgaze wählen, welche ihm einen Widerstand von nur 0,01 Ohm bietet, und nicht durch den menschlichen Körper, der ihm 2000 Ohm entgegensetzt. Der Anzug büßt natürlich seine Schutzkraft erst

---

[26]) Elektrotechnischer Anzeiger 1900, S. 2672.

ein, wenn so große Stromstärken kurz geschlossen werden, daß das Metallgewebe verbrennt. Bis dahin wird aber der Träger die gefährliche Verbindung bemerkt und den Anzug von der Stromaustrittsstelle entfernt haben. Die Möglichkeit, daß er nachträglich noch etwa durch die in Drahtgaze und Leinwand eingebrannten Löcher von neuem in Berührung mit dem Stromleiter kommt, könnte nur bei dem allergrößten Leichtsinn eintreten. Versuche haben ergeben, daß der Anzug ungefähr 200 Ampère dauernd und etwa 600 Ampère für einige Sekunden ableiten kann. Für seine außerordentliche Schutzwirkung gibt die Fig. 4 Zeugnis, bei welchem sich der Erfinder, mit der Schutzhaube- und -jacke bekleidet, in den Stromkreis eines 20 KW-Wechselstromtransformators von 150 000 V Spannung einschaltet. Die gewaltige Kraft der Stromintensität gibt sich in den Funkenströmen kund, die unten zwischen den beiden Polen und oben von dem einen Pol durch den Schutzanzug zu dem andern gehen.

Fig. 4.
Schutzanzug von Artemieff.

Die Schutzmittel, deren Gebrauch der § 2 der Betriebsvorschriften eintretendenfalls ausdrücklich zur Pflicht macht, lassen sich nur an den Maschinen- und größeren Schaltanlagen bereit halten. Kommen anderswo Personen so in Berührung mit stromführenden Leitern, daß sie dieselben nicht mehr loslassen können, so muß das Bestreben der Anwesenden zunächst darauf gerichtet sein, den Strom zu unterbrechen oder, wenn das wegen der Entfernung der Schalter mit einem Zeitverluste verbunden ist, den Verunglückten von der Leitung zu entfernen. Hat er nur einen Leiter mit den Händen erfaßt und steht er durch die Füße oder einen anderen Körperteil in Berührung mit der Erde oder einem zweiten Leiter, so versucht man es am besten, den Strom dadurch unschädlich zu machen, daß man zwischen die Füße und Erde einen isolierenden Gegenstand, ein trockenes Brett, eine zusammengelegte Jacke usw. bringt oder die Füße des Gelähmten von dem Boden entfernt.

Daß das Anfassen des Körpers mit der größten Vorsicht geschehen muß, lehrt der bereits erwähnte Unfall (s. S. 26) auf Ferdinandgrube, wo der Retter seine Kameradentreue mit dem Tode bezahlte. Sehr empfehlenswert ist die Verteilung sog. Rettungshaken, längerer mit Isoliermaterial umwickelter und mit isolierenden Griffen versehener eiserner Haken, mit denen die Verunglückten von den Leitern entfernt werden können, längs der Leitung und auf die Motorstationen. Die österreichische Bergpolizeiverordnung (A. VIII) schreibt diese Rettungshaken für „Räumlichkeiten ober Tags und in der Grube, in welchen sich elektrische Leitungen, Apparate oder Maschinen befinden", direkt vor.

Zur Information des Personals müssen nach den „Betriebsvorschriften" (§ 1) an den Stromerzeugeranlagen zugänglich und leicht erreichbar aushängen:

1. Die Vorschriften der zuständigen Berufsgenossenschaft einschließlich der Instruktion über die erste Hülfeleistung bei Unglücksfällen.

2. Das Schaltungsschema der Anlage.

Die Betriebsleitung hat darauf zu achten, daß Änderungen der Anlage in dem Schema nachgetragen werden.

3. Ein Auszug der „Sicherheitsvorschriften" mit den in Frage kommenden Bestimmungen.

4. Die „Betriebsvorschriften".

An das Wartepersonal der Stromerzeugeranlagen stellen die Bestimmungen folgende Anforderungen:

a) „Jeder im Betriebe Beschäftigte hat von den angeschlagenen, sowie den zur Einsichtnahme bereit liegenden Vorschriften Kenntnis zu nehmen und denselben in allen Punkten nachzukommen. Insbesondere sind die bereit gestellten Schutzmittel nach Vorschrift in Gebrauch zu nehmen."

b) „Die Arbeiter müssen eng anschließende Kleidung tragen."

c) „Jeder im Betriebe Beschäftigte hat von allen Vorkommnissen und Zuständen, welche nach seiner Meinung eine Gefahr für die Anlage oder für Personen im Gefolge haben können, seinen Vorgesetzten unverzüglich Anzeige zu machen."

Die Gefahr der Berührung stromführender Blankleiter wächst in dem Maße, als Manipulationen des Bedienungspersonals in ihrer direkten Nähe erforderlich sind. Bei Wechselstromerzeugung beschränkt sich die Wartung am elektrischen Teil auf eine in langen Zeiträumen vorzunehmende Erneuerung der Schleifringbürsten, welche leicht während des Stillstandes der Maschine ausgeführt werden kann. Bei Gleichstrommaschinen dagegen sind bestimmte Manipulationen in der Nähe stromführender Leiter, wie das Nachstellen der Bürsten, auch während des Betriebes erforderlich. Wenn auch die Berührung hier nicht gleich so verhängnisvoll ist wie bei Wechselstrom gleicher Intensität und die Gleichstrommaschinen in der Regel nur mit geringerer Spannung betrieben werden, so ist doch darauf zu halten, daß ein genügender Zwischenraum zwischen dem Handgriff des Bürstenträgers und dem blanken Leitermetall vorhanden ist.

Hochspannungsmaschinen sollten immer mit verschließbaren Geländern umgeben sein, durch deren Öffnung das Bedienungspersonal immer daran erinnert wird, daß hinter der Schranke der Bereich der Gefahr liegt.

Von den auf Seite 10 angeführten Unfällen in Primärstationen entfällt nicht ein einziger auf eine Berührung der Maschinen, alle ereigneten sich an den Schalttafeln. Gefährlich ist, wie bereits erwähnt, besonders die Rückwand der Schalttafel. Der Raum hinter den Hochspannungsschalttafeln führt deshalb in Fachkreisen nicht unberechtigt die Bezeichnung „Totenkammer".

Der Elektrotechnikerverband sucht die Sicherheit der Schaltanlagen durch eine Reihe von wirksamen Installationsvorschriften zu heben.[27])

Bei Schalttafeln, welche betriebsmäßig auf der Rückseite zugänglich sind, wird dem Bedienungspersonal ein genügender Bewegungsraum durch den § 4b gesichert, welcher vorschreibt, daß die Entfernung zwischen ungeschützten, stromführenden Teilen der Schalttafel und der gegenüberliegenden Wand nicht weniger als 1 m betragen darf. „Sind an der letzteren ungeschützte stromführende Teile in erreichbarer Höhe vorhanden, so muß die horizontale Entfernung bis zu denselben 2 m betragen und der Zwischenraum durch Geländer geteilt sein."

Die für den letzten Fall vorgeschriebenen Geländer sollen verhindern, daß eine Person, welche von den an einer Wand angebrachten Leitern einen Schlag empfängt, nicht gegen stromführende Metallteile der anderen Wand taumelt.

Bei Hochspannung dürfen in dem durch die Tafel und die gegenüberliegende Wand oder das Geländer geschlossenen Raume „bis zur Höhe von 2 m vom Fußboden weder stromführende Teile noch sonstige die freie Bewegung störende Gegenstände vorhanden sein". (§ 4b Abs. 3.)

Weitere Zusätze für Hochspannung gibt der § 4b Abs. 1 und 2:

„Schalttafeln müssen entweder mit einem isolierenden Bedienungsgang umgeben sein, und, sowie sie für nicht instruiertes Personal zugänglich sind, müssen sämtliche Teile, die unter Spannung gegen Erde stehen, auf der Bedienungsseite durch Gehäuse vor Berührung geschützt sein. Die gleiche Vorschrift gilt auch für die Rückseite der Schalttafeln, sofern dieselbe überhaupt begehbar ist; oder es müssen sämtliche stromführenden Teile, z. B. auch diejenigen der Meßinstrumente, Sicherungen und Schalter, sofern sie nicht geerdet sind, der Berührung unzugänglich sein; die zugänglichen nichtstromführenden Metallteile dieser Apparate und des Gerüstes müssen geerdet und, soweit der Fußboden in der Nähe des Gerüstes leitet, mit diesem leitend verbunden sein."

Diesen Forderungen genügt man in der Praxis gewöhnlich dadurch, daß man auf der Vorderseite der Schalttafeln von Hochspannungsanlagen nur die unter Niederspannung stehenden Blankleiter der Schalter für die Erreger-

---

[27]) Weber, Erläuterungen zu den Sicherheitsvorschriften.

maschinen anbringt, während die Hochspannungsapparate, abgesehen von den Meßinstrumenten, an die für unkundiges Personal unzugängliche Rückseite und

Fig. 5. Schalttafel der Zentrale des Zwickauer Steinkohlenbauvereins. Ausgeführt von Schuckert & Co. Vorderseite.

möglichst schwer erreichbar verlegt werden (Fig. 5). Die Bedienung der Schalter erfolgt durch isolierte Hebel (Fig. 6 u. 7) oder Drehwellen, welche in Durchbrechungen der Tafel auf die Vorderseite geführt werden (Fig. 6).

3

Die Metallgehäuse der Meßinstrumente, welche überdies gewöhnlich von einem durch Kleintransformatoren auf Niederspannung herabgesetzten Strome durchflossen werden, sind vollkommen mit Hüllen aus Isoliermaterial überdeckt.

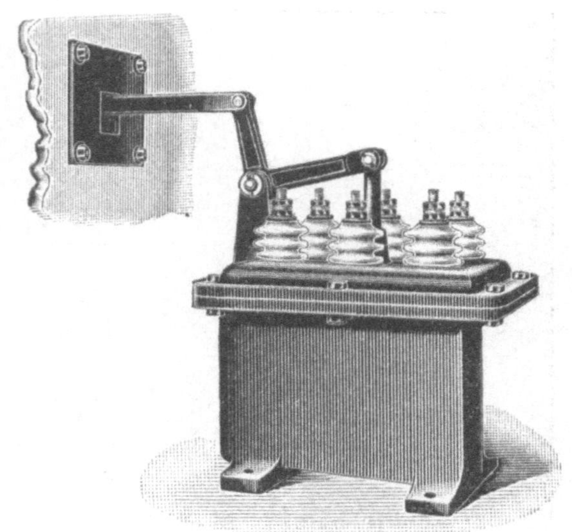

Fig. 6.   Fig. 7.

Oelschalter mit Hebelbetätigung von Voigt & Häfner, A.-G., Frankfurt a. M.

Aber auch auf der Rückseite neuerer Bauart ist die Sicherheit durch möglichste Vermeidung der Blankleiter (Fig. 8) und die Erdung des Gestelles soweit gehoben, daß eine Gefahr bei Beobachtung einiger Vorsicht ausgeschlossen erscheint.

Der Unfall [28]), der sich an der in ordnungsmäßigem Zustande befindlichen Schalttafel der Zeche Germania I bei Dortmund ereignete, beweist, wie leicht gerade fachkundiges Personal die einfachsten Gebote der Sicherheit außer Acht läßt. Bei der Einrichtung eines neuen Feldes der Schalttafel machte dort ein Monteur, noch dazu von einem unsicheren Standpunkt aus und mit ungeschützten Händen, Messungen in unmittelbarer Nähe der stromführenden, lediglich durch einen dünnen Lackanstrich überdeckten Sammelschienen, berührte sie und zog sich dabei Brandwunden und eine vorübergehende Betäubung zu.

Den Gefahren eines Stromüberganges zwischen zwei verschiedenpoligen Leitern beugt der § 4 e Abs. 1 durch folgende Vorschriften vor:

„Die Kreuzung stromführender Teile an Schalt- und Verteilungstafeln ist möglichst zu vermeiden. Ist dies nicht erreichbar, so sind die stromführenden Teile durch Isolierung voneinander zu trennen oder derart in genügendem Abstand voneinander zu befestigen, daß Berührung ausgeschlossen ist.“

Der Absatz d dieses Paragraphen will eine verhängnisvolle Verwechselung von Leitungsschienen verschiedener Polarität und Phasen nach Möglichkeit

---

[28]) Zeitschr. f. d. Berg-, Hütten- u. Salinen-Wesen. 1902, S. 576/7.

dadurch vermeiden, daß er eine Markierung derselben durch einen andersfarbigen Anstrich verlangt.

In den Absätzen e und f des § 4 sind Vorschriften gegeben, welche die Kontrolle der Verteilungstafeln erleichtern sollen.

Wenn diese sekundären Schalttafeln nicht von der Rückseite aus zugänglich sind, so dürfen die Leitungen erst nach der Befestigung der Tafel

Fig. 8. Rückseite der Zentral-Schalttafel des Zwickauer Steinkohlenbauvereins.
Ausgeführt von der Firma Schuckert & Co.

angeschlossen werden; auch müssen die Anschlüsse jeder Zeit von der Vorderseite aus kontrolliert und gelöst werden können.

„Die Sicherungen auf den Verteilungstafeln sind mit Bezeichnungen zu versehen, aus denen hervorgeht, zu welchen Räumen bezw. Lampengruppen sie gehören" (§ 4 f).

Der Absatz g des § 4 verweist auf die bei der Montage der Schalt- und Verteilungstafeln zu berücksichtigenden Vorschriften über Apparate, die weiter unten behandelt werden.

Die Verwendung von Holz als Konstruktions- und bei älteren Schalttafeln auch als Isolations-Material hat zu einer großen Anzahl von Brandunfällen geführt. Die neuen Vorschriften lassen es deshalb nur mehr als Konstruktionsmaterial für Niederspannungs-Verteilungsschaltbretter von weniger als 0,5 qm Fläche, aber nicht mehr als Isoliermaterial zu. Zur Umrahmung der für Hochspannung ausdrücklich vorgeschriebenen Schalt- und Verteilungstafeln aus feuersicherem Material (erzfreiem Schiefer oder Marmor) darf Holz verwandt werden. (§ 4 Abs. a) Auch der 2. Satz des Paragraphen ist der Verhinderung der Brandgefahr gewidmet; er verlangt, daß Schalter und alle Apparate, in denen betriebsmäßig Stromunterbrechung stattfindet (also Sicherungen usw.) derart angeordnet sind, daß „etwa im Betriebe der elektrischen Einrichtungen auftretende Feuererscheinungen nicht zündend auf die Nachbarschaft wirken und keine Kurz- und Erdschlüsse herbeiführen können".

Ein Unfall, welcher den Maschinisten an der Primärstation der Zeche Preußen bei Dormund betraf, lehrt, wie nötig diese Vorschrift ist. Dort entstand beim Einschalten eines 14 PS Motors im Inneren eines den Bestimmungen des § 4 b entsprechenden Schalterschutzgehäuses aus Papiermasse jedenfalls infolge ungenügender Einschaltung des Kontaktes ein solch starker Lichtbogen, daß die Flammen, von dem verdampften Metall der Kontakte geführt, durch den Schlitz des Schutzkastens schlugen und der Hand des Betroffenen schwere Brandwunden zufügten.

Unter Tage werden Primärmaschinen selten aufgestellt. Eine Ausnahme bilden die kleineren Stromerzeuger für Kraft und Licht, welche durch Peltonräder usw. angetrieben werden.

Bezüglich der Berührungs- und Brandgefahr sind bei diesen Dynamos dieselben Vorsichtsmaßregeln zu treffen wie bei den unterirdischen Motoren. Da sie meistens in der Nähe der Schächte und im frischen Wetterstrome stehen, wird die Schlagwettergefahr nur selten in Betracht kommen. Sollte das trotzdem der Fall sein, so müssen sie mit den weiter unten beschriebenen Schutzvorrichtungen ausgerüstet werden.

Für unter Tage aufzustellende Schalttafeln setzt der § 46 Abs. 1 der Sicherheitsvorschriften zunächst fest:

„Die Schalttafeln einschließlich des Gerüstes und der Umrahmung müssen aus feuersicherem, nicht hygroskopischem Material bestehen. Wenn Tropfwasser auftritt, so müssen die Apparate in geeigneter Weise dagegen geschützt werden."

Holz ist also hier auch für die Umrahmung nicht zulässig; es läßt sich sehr gut durch Eisen ersetzen. Die Tropfwasser werden am besten durch Betonschutzdecken usw. abgefangen. Blechdächer beschlagen leicht mit Wasserdampf und tropfen dann selbst.

Sind Schalttafeln für Spannungen bis zu 500 V zwischen zwei Leitungen nicht in abgesonderten Betriebsräumen untergebracht, so gelten für sie die oben angeführten Vorschriften für höhere Spannungen bis 1000 V (§ 46 f Abs. 2).

Fig. 9. Schaltanlage für eine Wasserhaltung. Ausgeführt von Siemens und Halske, Berlin.

Der Abs. f 3 des § 46 fordert, daß die Abzweigungen von den Hauptkabeln an Verteilungstafeln zu erfolgen haben; „jede Abzweigung ist in allen Polen zu sichern und abschaltbar zu machen.“

Die Ausführung dieser Vorschrift bietet große Vorteile. Bei der früher gebräuchlichen Abzweigung in Kabelmuffen waren die Leitungen nur schwer voneinander zu trennen, was der Aufsuchung von Isolationsfehlern große Hindernisse bereitete. Eine diesen Vorschriften entsprechende mustergültige Anordnung einer unterirdischen Schaltanlage veranschaulicht die Fig. 9.

Wie die Abbildung erkennen läßt, kann jedes der vier unter einer Drahtnetzabdeckung in den eisernen Verteilungsschrank geführten Kabel für

Fig. 10. Schaltanlage der Kohlenwäsche auf Zeche Bonifacius bei Kray für 2000 V Betriebsspannung. Vorderseite. Ausgeführt von den Siemens-Schuckertwerken.

sich ein- und ausgeschaltet werden. Für alle Pole sind außerdem luftdicht verschlossene Sicherungen vorhanden, welche wie die durch Kurbeln betätigten Ölschalter weiter unten eingehend besprochen werden. Znr Isolation ist ausschließlich Porzellan verwandt. Die einzelnen Abteilungen des selbstverständlich geerdeten Schrankes werden für gewöhnlich unter Verschluß gehalten; zudem sind freiliegende Blankleiter vollkommen vermieden. Recht deutliche Vorschriften warnen vor der Berührung und bezeichnen die Bestimmung der einzelnen Schaltabteilungen. Weitere Vervollkommnungen zeigt ein neuer Typ von

Schaltanlagen, welche die Siemens-Schuckertwerke nach den Angaben des Elektroingenieurs von Groddeck insbesondere für den unterirdischen Betrieb und die Verwendung in feuchten, staubigen Räumen ausführen. Im Ruhrbezirk

Fig. 11. Schaltanlage der Kohlenwäsche auf Zeche Deutscher Kaiser bei Bruckhausen für 5000 V Betriebsspannung. Rückseite. Ausgeführt von den Siemens-Schuckertwerken.

sind mehrere derselben, so in den Kohlenwäschen der Zechen Bonifacius und Deutscher Kaiser, zur Aufstellung gelangt. Die ebenfalls ganz in Eisen ausgeführten Verteilungsschränke (Fig. 10 bis 12) sind auf beiden Seiten zugänglich,

Fig. 12. Hochspannungsseite der Schaltanlage auf Zeche Bonifacius.

wodurch die Bedienung und Kontrolle wesentlich erleichtert wird. Die Klapptüren, welche den Innenraum vollkommen abschließen, sind mit Ausschaltern derartig verblockt, daß ein Öffnen der Tür nur erfolgen kann, nachdem die betreffende Schaltabteilung stromlos gemacht ist.

Die Konstruktion der Ölschalter läßt die Figur 11 erkennen. Bei den beiden Apparaten auf der rechten Seite des Bildes sind die Ölkästen abgenommen und dadurch die Kontakte freigelegt.

Fig. 13. Schalttafel und Anlasser für den Wasserhaltungsmotor im Glückaufschacht des Zwickauer Steinkohlenbau-Vereins. Spannung 500 V. Ausgeführt von Schuckert u. Co.

Für höhere Spannungen findet der in Bergwerken unzuverlässige Marmor bei neueren Anlagen nur mehr als Träger der Apparate, aber nicht mehr als eigentliches Isoliermaterial Verwendung. Die Anlasser und Schalter werden entweder an dem Tragegerüst der Schaltanlage aufgehängt (Fig. 12) oder gesondert montiert (Fig. 13).

Bei der in Fig. 13 wiedergegebenen Schalttafel sind die Sicherungen, welche allein ʻauf der Bedienungsseite stromführende Blankleiter aufweisen, durch ihre schwer erreichbare Lage und eine Drahtnetzabdeckung unzugänglich gemacht.

Die geschlossenen Konstruktionen von Schaltern und Sicherungen gestatten es, bei kleineren Anlagen vollkommen von der Aufstellung besonderer Schalttafeln abzusehen. Bei der in Figur 14 veranschaulichten Schaltstation sind die Sicherungen direkt an den Wänden angebracht, während der luftdicht verschlossene Schalter auf einem besonderen Postament verlagert ist, auf dem zum Gebrauche bereit ein Isolierhandschuh liegt.

In Verbindung mit den Primäranlagen werden sehr häufig Umformermaschinen und Transformatoren betrieben.

Die rotierenden Umformer, gewöhnlich für die Überführung von Wechselstrom in Gleichstrom zur Erregung der Wechselstromerzeuger bestimmt, sind fast immer in den elektrischen Betriebsräumen aufgestellt und deshalb nur dem Fachpersonal zugänglich.

Vereinzelt finden sich auf und in Bergwerken auch Umformer für andere Zwecke, so Maschinen für die Umsetzung von Gleichstrom höherer in solchen niederer

Fig. 14. Unterirdische Schaltanlage.
Ausgeführt von Siemens und Halske.

Spannung (für den Antrieb kleiner Motoren, Bohrmaschinen usw.), von Drehstrom in Gleichstrom (bei Lokomotivförderungen) und endlich von gewöhnlichem Gleichstrom in pulsierenden (zum Antriebe von Solenoidgesteinsbohrern). Die Maschinen werden neuerdings weniger mehr als Einzelmaschinen mit zwei Kollektoren, bezw. einem Kollektor und einem Schleifringsystem, sondern meistens als lediglich mechanisch gekuppelte, aber elektrisch voneinander unabhängige Motoren und Dynamos ausgeführt.

Da sie besonders unter Tage nicht immer in hinreichend abgeschlossenen Räumen aufgestellt werden können, sind sie gegebenenfalls hinsichtlich der Sicherheit zu behandeln wie die Motoranlagen.

Ebenso verhält es sich mit den feststehenden Umformern für Wechselstrom, den Transformatoren. Sie dienen meistens dazu, die von Wechselstromerzeugern gelieferte niedrige Spannung für die Überwindung langer Fernleitungen, wie sie zu abgelegenen Ventilatoren, Pumpwerken usw. führen,

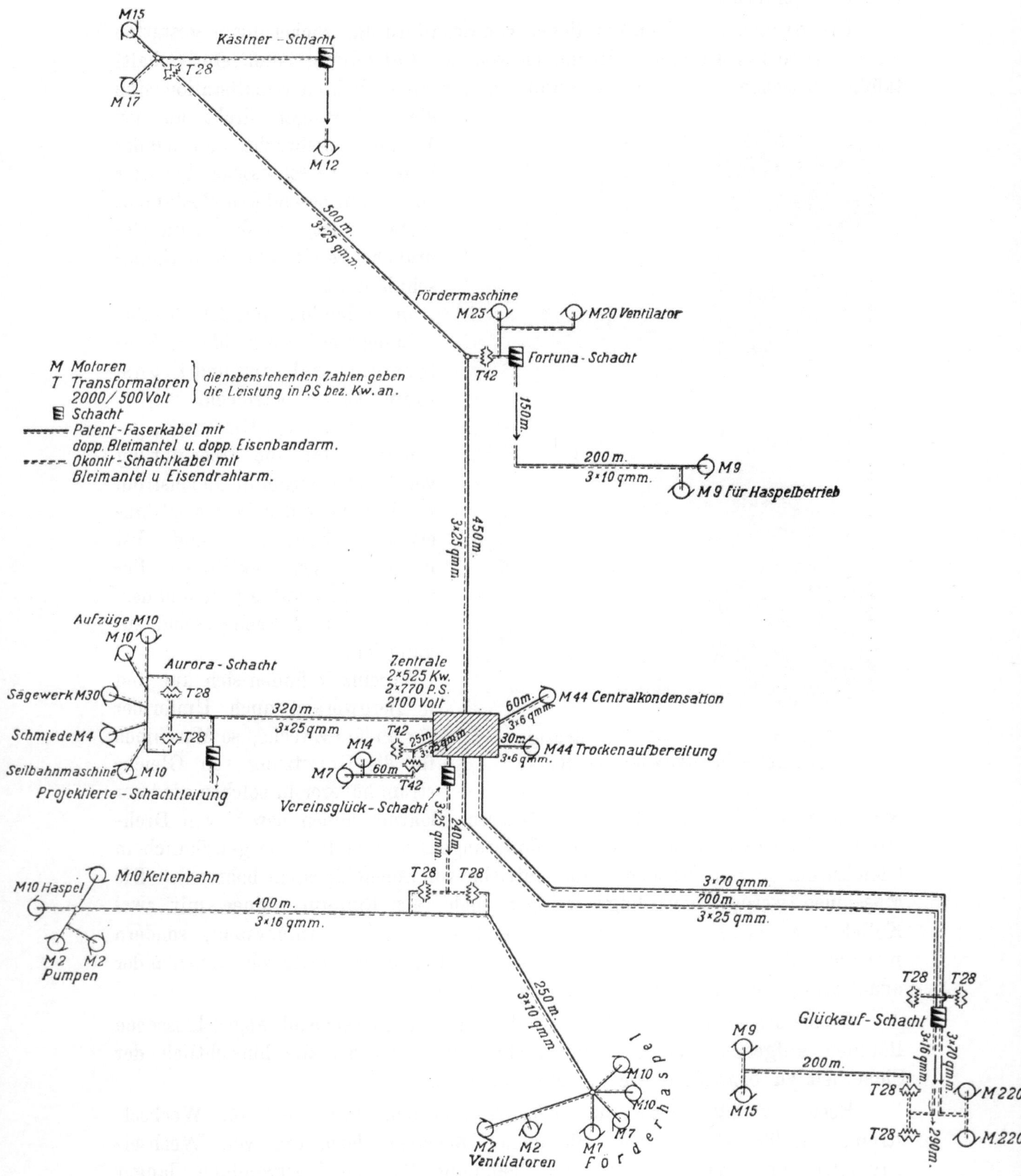

Fig. 15. Übersichtsplan der elektrischen Anlage des Zwickauer Steinkohlenbau-Vereins.
Ausgeführt von Schuckert & Co.

„heraufzutransformieren", oder umgekehrt zur Herabsetzung primärer Hochspannungen, welche sich für kleinere Motoren (etwa unter 30 P S), Beleuchtungskörper usw. aus konstruktiven Gründen nicht verwenden lassen.

In welch weitgehender Weise der Bergbau von dem ersten Mittel Gebrauch macht, gefährliche Hochspannungen über und unter Tage zu vermeiden, ohne dabei der Vorteile, welche die hohe Stromintensität für die Überwindung weiter Leitungswege bietet, verlustig zu gehen, geht aus dem Übersichtsplan

Fig. 16. Unterirdische Transformatorenstation, ausgeführt von Siemens und Halske, Berlin.

der Kraftverteilung auf dem Werke des Zwickauer Steinkohlenbau-Vereins hervor (Fig. 15).

Wie das Schema zeigt, wird dort die hohe Spannung (2100 V) für die Mehrzahl der ober- und unterirdischen Motoren auf eine niedrige Spannung (500 V) herabtransformiert. Mit dem vollen Primärpotential arbeiten über Tage nur die Motoren der Zentralkondensation und Trockenaufbereitung (M 44) am Vereinsglück-Schacht und unter Tage die beiden großen Motoren (M 220) in der Nähe des Glückaufschacht-Füllortes.

Werden die Transformatoren im Freien oder unter Tage aufgestellt, so sind besondere Vorsichtsmaßregeln gegen das Eindringen von Wasser oder die Bildung von Wasserbeschlägen innerhalb der Gehäuse zu ergreifen. Die Anordnung einer gegen äußere Feuchtigkeit abgeschlossenen, gut ventilierten Eisenblechummantelung um die Spulenkörper und die Aufstellung in einem besonderen abgesperrten Raume, wie sie bei den Transformatoren der in Fig. 16 wiedergegebenen unterirdischen Anlage erfolgt ist, dürften in Verbindung mit der Erdung des Gehäuses jede Gefahr vereiteln.

Die Berührungsgefahr ist bei den Transformatoren verhältnismäßig gering, da sie sehr wenig Wartung beanspruchen und nur an den Kontakten, welche die Verbindung der Spulengruppen mit den Zuleitungsdrähten vermitteln, blanke, stromdurchflossene Teile aufweisen. Diese liegen aber gewöhnlich innerhalb der besonderen Schutzverschläge oder des geschlossenen Metallgehäuses, von denen die außerhalb der elektrischen Betriebsräume aufzustellenden Hochspannungstransformatoren, mit Ausnahme der an Freileitungen unzugänglich angebrachten, nach den Vorschriften des Elektrotechnikerverbandes (§ 25 d) umgeben sein müssen. Für die Metallgehäuse wird allseitige Erdung verlangt. Abgesehen von den kleinen, gewöhnlich an den Schalttafeln befestigten Meßtransformatoren soll jeder Hochspannungstransformator mit einer Vorrichtung (Schalter usw.) versehen sein, welche es gestattet, sein Gestell gefahrlos zu erden.

Zu den bedenklichsten Folgen wird es führen, wenn der Strom aus der Hochspannungswicklung einer Umformermaschine oder eines Transformators nach Zerstörung der Isolation durch Kurzschluß oder andere Vorgänge auf die Niederspannungsleitung übergeht oder durch einen Betriebszufall Hochspannung im Niederspannungsstromkreise entsteht. Derartige gefährliche Wirkungen müssen nach § 25 b der deutschen Vorschriften durch die Einschaltung erdender, kurzschließender oder abtrennender Sicherungen oder auch durch dauernde Erdung geeigneter Punkte verhindert bezw. ungefährlich gemacht werden.[29]

Bei der Reihenschaltung von Transformatoren, die sich im deutschen Bergbau kaum finden dürfte, könnte durch die Unterbrechung des sekundären Stromkreises eine gefährliche Erhitzung der Spulen eintreten. Dieser Möglichkeit muß nach § 26 f der Sicherheitsvorschriften vorgebeugt werden. Es kann das durch bei einer gewissen Spannungszunahme selbsttätig wirkende Kurzschlußvorrichtungen oder zu den Stromverbrauchern parallel geschaltete Drosselspulen erfolgen.

Der Unfall [30], welcher sich bei Montagearbeiten an einer Transformatorenstation des Bergwerks Heinrichssegen im Siegerland ereignete, ist auf Unterlassung der einfachsten Sicherheitsmaßregeln zurückzuführen.

In der Begegnung der Explosionsgefahr fordern die deutschen Sicherheitsvorschriften für Transformatoren, die in explosionsgefährlichen Betriebsstätten und Lagerräumen über Tage aufgestellt werden sollen, luft- und staubdichte Schutzkästen. Für Schlagwettergruben, auf welche die österreichische Bergpolizeiverordnung diese Bestimmung ausdehnt, gilt sie nach den deutschen Vorschriften ausdrücklich nicht.

---

[29] Dr. C. L. Weber, Erläuterungen zu den Sicherheitsvorschriften.

[30] Zeitschrift für das Berg-, Hütten- und Salinenwesen, 1900, S. 462 f.

An feuchten und staubigen Betriebsorten in Bergwerken sollten nur geschlossene Transformatoren aufgestellt werden, deren beste Ausführung die Öltransformatoren sind. Bei ihnen stehen die Spulenkörper in mit Öl gefüllten Blechkästen, deren Oberfläche zur Verbesserung der Wärmeabgabe durch Wellung vergrößert wird. Das Öl hält nicht allein Staub und feuchte Luft fern, es führt auch die Wärme von den Spulen zu den Metallwänden des Behälters.

Die Herrichtung abgeschlossener Aufstellungsräume, etwa gemauerter oder in das Gestein gehauener, wasserdicht verputzter Nischen, wird für die Transformatoren um so leichter sein, als sie gewöhnlich ihren Platz an dem Ende der Hochspannungsleitungen finden, denen man den Eintritt in weniger sichere Strecken oder Räume (Bremsberge, Abbaustrecken, Abbaue usw.) im allgemeinen verwehrt.

Bei Akkumulatoren muß einem Stromaustritt aus den Zellen durch isolierte Aufstellung auf Glas- oder Porzellanfüßen vorgebeugt werden. Die Sicherheitsvorschriften (§ 37 b) und mit ihnen die Hallenser Bergpolizei-Verordnung bestimmen hinsichtlich dieses Punktes:

„Die einzelnen Zellen sind gegen das Gestell und letzteres ist gegen Erde durch Glas, Porzellan oder ähnliche, nicht hygroskopische Unterlagen zu isolieren.“

Zur Erhaltung eines guten Isolationswiderstandes, welcher durch die Säure in verschiedener Hinsicht gefährdet werden kann, setzen die Betriebsvorschriften fest (§ 9 b u. c):

„Die Gebäudeteile und Betriebsmittel einschließlich der Leitungen, sowie die isolierenden Bedienungsgänge sind vor schädlicher Einwirkung der Säure zu schützen und von Zeit zu Zeit auf gute Beschaffenheit zu untersuchen.

Verschüttete Säure ist tunlichst bald unschädlich zu machen.“

Gegen die Berührungsgefahr richtet sich die Bestimmung des § 37 d der Sicherheitsvorschriften:

„Die Batterien müssen derart angeordnet werden, daß bei der Bedienung eine zufällige gleichzeitige Berührung von Punkten, zwischen denen eine Spannung von mehr als 250 V herrscht, nicht erfolgen kann.“

Für Hochspannungsbatterien wird außerdem ein isolierender Bedienungsgang gefordert.

Die Gefahren, welche das Vorhandensein größerer Säuremengen und die Entwicklung von Säuredämpfen in der Ladeperiode für die Gesundheit der Arbeiter und die Sicherheit der Anlage herbeiführen könnte, werden bei der Beobachtung folgender Bestimmungen der Betriebsvorschriften auf ein Minimum zurückgeführt:

§ 9 a. S. 1. „Akkumulatorenräume müssen während der Ladung gut gelüftet werden.“

Für Akkumulatorenräume unter Tage schreibt die österreichische Verordnung vor (B. XI):

„In der Grube darf das Laden von Sammlerbatterien nur in abgesonderten, gut bewetterten Räumen geschehen; sollten die sich entwickelnden Säuredämpfe in einen Wetterstrom abgeleitet werden müssen, der noch belegte Grubenräume bestreicht, so ist für genügende Verdünnung der Säuredämpfe Sorge zu tragen."

Es wird sich empfehlen, für die unterirdischen Akkumulatorenräume ähnlich wie für die Pferdeställe eine Spezialwetterführung einzurichten, welche die mit Säuredampf geschwängerten Wetter direkt in den ausziehenden Strom führt.

Durch gute Bewetterung muß auch noch einer anderen Gefahr begegnet werden, der Bildung von Knallgasgemischen, welche durch die Wasserzersetzung während des Ladens der Zellen entstehen und sich bei schlechter Ventilation bis zur Explosionsfähigkeit anreichern können.

Der Möglichkeit einer Explosion dieser Gase, welche namentlich in Schlagwettergruben unter Umständen von recht verhängnisvollen Folgen begleitet wäre, treten die verschiedenen Vorschriften mit folgenden Maßregeln entgegen:

Die Betriebsvorschriften (§ 9 a. S. 2):

„Offene Flammen und glühende Körper dürfen während der Überladung nur bei Reparaturen und dann nur bei Anwendung entsprechender Vorsichtsmaßregeln in den Akkumulatorenräumen geduldet werden."

Die Sicherheitsvorschriften (§ 37 c):

„Zur Beleuchtung von Akkumulatorenräumen darf nur elektrisches Glühlicht verwendet werden."

Verstanden sind darunter die geschlossenen Glühlampen; Nernstlicht ist nach dem eben angeführten Paragraphen der Betriebsvorschriften unstatthaft.

Die Hallenser Bergpolizeiverordnung:

„Das Betreten der Akkumulatorenräume mit offenem Lichte sowie das Tabakrauchen darin ist untersagt. Dieses Verbot ist durch Tafeln ersichtlich zu machen."

Die österreichische Bergpolizeiverordnung:

„In Grubenräumen, für welche Sicherheitsgeleuchte vorgeschrieben ist, ist das Laden von Sammlerbatterien untersagt."

Nach einer anderen Stelle ist dort „die Verwendung von Sammlerbatterien auf die tragbare elektrische Beleuchtung beschränkt."

Die belgische Bergpolizeiverordnung (Art. 24):

„Die unterirdischen Räume, in denen man das Laden von Akkumulatoren vornimmt, müssen mit einem frischen, noch vor keinen Arbeitsort geführten Wetterstrome versorgt sein, und es darf kein Zuströmen von Schlagwettern zu diesem Raum zu befürchten sein."

Die weitere Forderung dieses Artikels: „Die Batterien sind in geschlossenen Kästen aufzustellen" wird sich bei größeren Anlagen kaum durchführen lassen.

Für das Wärterpersonal der Akkumulatorenbatterien bestimmen die Betriebsvorschriften (§ 9 e):

„Essen, Trinken und Rauchen in Akkumulatorenräumen ist verboten. Die Akkumulatorenwärter sind zur Reinlichkeit anzuhalten und auf die Gefahren, welche Säure und Bleisalze mit sich bringen, aufmerksam zu machen. Für ausreichende Wascheinrichtungen und Waschmittel ist Sorge zu tragen."

Außerdem sind nach dem Absatz d desselben Paragraphen „für die in Akkumulatorenanlagen beschäftigten Arbeiter erforderlichenfalls entsprechende Schutzmittel bereit zu halten."

Außer den weiter oben besprochenen Schutzmitteln gegen die Berührungsgefahr sollten Atmungsmasken usw. zur Verfügung stehen.

Ein Rücktritt der in der Batterie aufgespeicherten Energie in die Primärmaschine, welcher erfolgt, wenn die Kraft der ersteren größer geworden ist

Fig. 17.
Gleichstrommotor der Siemens-Schuckertwerke, Berlin.

als die der letzteren, könnte zu einer Überlastung der Leitung und dadurch zu allerlei Fährnissen führen.

Die belgische Bergpolizeiverordnung setzt deshalb in Art. 24, S. 3 fest:

„Ein selbsttätiger Ausschalter ist zwischen der stromerzeugenden Dynamomaschine und den Akkumulatoren einzuschalten."

Wenn auch unzweifelhaft ein automatischer Ausschalter gute Dienste tun wird, so liegt doch kein besonderer Grund vor, das Vorhandensein desselben von bergpolizeilicher Seite anzuordnen.

Die für die Aufstellung der Motoren geltenden Bestimmungen der Sicherheitsvorschriften sind bereits weiter oben bei den allgemeinen Vorschriften für Maschinenanlagen erwähnt. (S. 23 ff.)

Die größeren, in abgeschlossenen Räumen aufgestellten und von instruiertem Personal bedienten Motoren verhalten sich in sicherheitlicher Hinsicht nicht viel anders als die Primärmaschinen. Es lassen sich dort ohne jedes Bedenken offene Typen wie die in Fig. 17 dargestellte eines Gleichstrommotors verwenden.

Für staubige und feuchte Räume oder Betriebsorte, wo mit starken mechanischen Einwirkungen auf die Motoren gerechnet werden muß, eignet

Fig. 18.
Kapselmotor der Siemens-Schuckertwerke, Berlin.

sich die offene Ausführung nicht. Bei der Bedienung durch weniger fachkundiges Personal bilden zudem die ungeschützten Blankleiter der in Fig. 17 vorgeführten Konstruktion eine stete Gefahr, welche man zuerst dadurch

Fig. 19.
Kapselmotor der Siemens-Schuckertwerke, Berlin.

beseitigte, daß man die Motoren mit Holz- oder -Metallschutzkästen umgab. Erst später entstanden die sog. „Kapselmotoren", bei denen man eine geschlossene Konstruktion entweder durch den Anbau seitlicher Schutzgehäuse (Fig. 18) an einen Motor gewöhnlicher Ausführung oder die kastenartige Ausbildung des Polgehäuses erzielte (Fig. 19 u. 20).

Fig. 20.
Kapselmotor der Bergmanns Elektrizitätswerke, A.-G., Berlin.

Die Bürsten, welche bei den Gleichstrommotoren viel Bedienung verlangen, sind durch kleine Türen zugänglich gemacht. Der Vorteil, welchen der Abschluß des Gehäuses bietet, wird durch den Nachteil erkauft, daß der gekapselte Motor bei gleicher Größe etwa 30 pCt. weniger leistet, also bei gleichem Kraftbedarf entsprechend größer bemessen werden muß und deshalb teurer wird wie der der besser ventilierte offene. Bei Motoren für Förderhaspel, Lokomotiven usw., welche oft überlastet oder bis zur Grenze ihrer Leistung beansprucht werden, steigt die Erwärmung der Wicklung leicht zu einer die Isolation gefährdenden Höhe. Dieser Mißstand wird bei neueren Motorkonstruktionen durch eine vermehrte Innenventilation beseitigt [31]).

Beispielsweise wird bei der von der Elektrotechnischen Fabrik Max Schorch & Cie. in Rheydt auf der Düsseldorfer Ausstellung vorgeführten geschlossenen Type (Fig. 21 und 22) eine vervollkommnete Luftzirkulation vermittels besonderer, im Anker angeordneter radialer Kühlkanäle erzielt. Durch die Schleuderwirkung des Ankers, der bei seiner hohen Tourenzahl wie ein Ventilatorrad arbeitet, wird die Luft in der hohlen Nabe des Ankerkörpers angesaugt und nach außen geworfen.

---

[31]) Elektrotechnische Zeitschrift. 1903. S. 200.

Bei einer von der Elektrizitäts-Aktiengesellschaft vorm. W. Lahmeyer u. Cie., Frankfurt a. M., in Düsseldorf ausgestellten Spezialkonstruktion eines Gleichstrommotors für Bergwerkszwecke, welche einen 50 PS Luftkompressor betätigte,

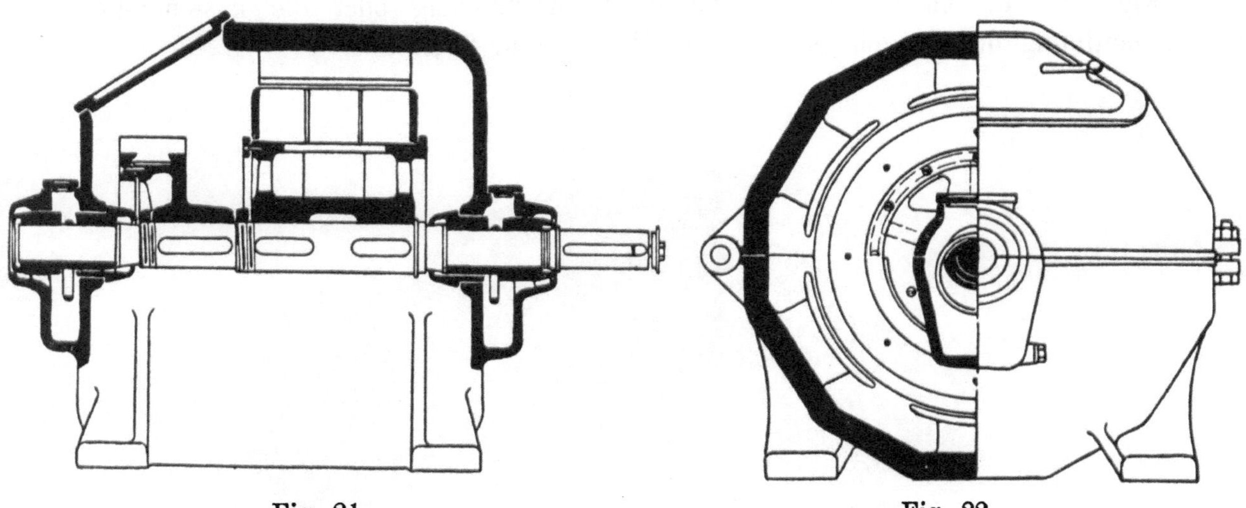

Fig. 21.

Längsschnitt

Fig. 22.

Querschnitt

des geschlossenen Gleichstrommotors der Elektrotechnischen Fabrik von Max Schorch & Cie. in Rheydt.

wurde die Ventilatorwirkung des Ankers dadurch erheblich gesteigert, daß man ihm eine gerippte Form gab (Fig. 23)[31]). Zudem bietet die hohle Nabe des

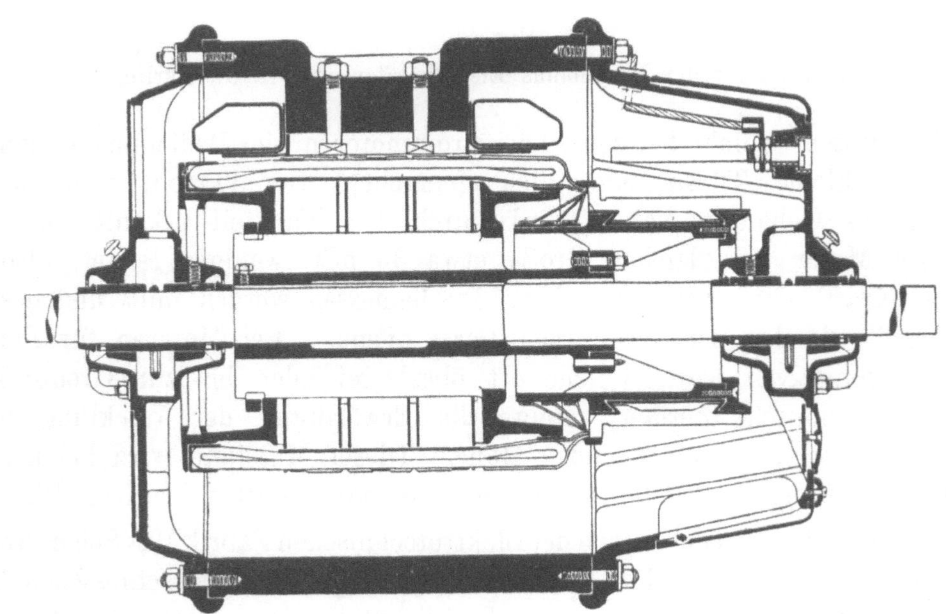

Fig. 23.

Geschlossener Gleichstrommotor der El.-A.-G. vorm. W. Lahmeyer & Cie., Frankfurt a. M.

Ankerkörpers, auf deren Verlängerung die Kollektorsegmente sitzen, der in das Ankerinnere einströmenden Luft weite Öffnungen.

[32]) Elektrotechnische Zeitschrift. 1903. S. 201.

Die verbesserte Luftzirkulation innerhalb des Motors wird die Erwärmung zwar hintanhalten, aber beim Dauerbetriebe und voller Belastung nicht soweit verhindern können, daß die Temperatur des Gehäuses etwa unter einer Temperatur von 40° C bleibt, wie die belgische Bergpolizeiverordnung im Art. 3 fordert.

Eine bessere Abführung der Innenwärme als durch die Zirkulation läßt sich durch den Luftwechsel erzielen, den die sog. ventilierte Kapselung gestattet (Fig. 24). Bei dieser Ausführung ist das massive Gehäuse an einzelnen Stellen durchbrochen und mit Gitterblechen oder Drahtgaze abgedeckt. Bei mäßiger Feuchtigkeit und Staubbildung werden sich ventiliert-gekapselte

Fig. 24.
Ventiliert-gekapselter Motor der Bergmanns Elektrizitätswerke, A.-G., Berlin.

Motoren auch unter Tage verwenden lassen; liegen die Verhältnisse ungünstiger, so sind die gänzlich geschlossenen Typen nicht zu umgehen.

Die für den Antrieb von Bergwerksmaschinen in Frage kommenden Wechselstrommotoren sind asynchrone Induktionsmotoren, bei welchen nur dem äußeren, feststehenden und ringförmigen Teil (Ständer) unmittelbar Strom zugeführt wird, während die Bewicklung des rotierenden Teiles (Läufers) durch die induzierende Wirkung des Ständers mit Strom versorgt wird und deshalb einer Verbindung mit den von der Primärmaschine kommenden Leitungen nicht bedarf. Da die induktive Übertragung des Stromes von dem Ständer auf den Läufer mit einer Transformation verbunden ist, tritt in dem beweglichen Teil meistens nur Niederspannung auf, was für die Sicherheitsfrage recht wichtig ist. Bei der einfachsten Ausführung des Induktionsmotors, dem **Kurzschlußankermotor**, ist die Bewicklung des Ständers vollkommen geschlossen. Sie besteht bei einer Ausführungsart aus massiven Kupferstäben, welche durch Durchbohrungen des Läuferkörpers geführt und an den Kopfenden verbunden sind. Äußerst stabil ist auch die Wicklung der sogenannten Käfigankertype. Die Firma Schuckert & Co. führte auf der Düsseldorfer Ausstellung einen Motor dieser Art vor, dessen Bewicklung aus einem gegossenen Käfig bestand, welcher dank des Fehlens von Lötstellen und vorzüglicher Isolation auf dem Ständereisen ohne Gefahr bis zur Weißglut überlastet werden konnte. Die Wiener Bergpolizeiverordnung trägt den Vorzügen der Stabwicklung, wenn sie bei Läufer und Ständer angewandt wird, Rechnung, indem sie für derartige Motoren eine seitliche Abdeckung mit Gitterblechen zuläßt, während für andere Typen eine gasdichte Verkapselung vorgeschrieben ist.

Leider haften dem Kurzschlußankermotor, einer Idealmaschine für den Bergbau, Mängel an, welche seine Verwendbarkeit beschränken. Sie gehen aus dem Umstande hervor, daß die Entwicklung des Stromes in dem Läufer eine ungeregelte und plötzliche ist; infolgedessen nimmt der Motor beim Anlassen eine große Strommenge auf und verursacht dadurch einen Spannungsabfall im Verteilungsnetze, welcher den Gang der anderen angeschlossenen Motoren störend beeinflußt. Dabei ist das Anlaufsmoment des Motors nur gering. Er eignet sich deshalb in erster Linie für Maschinen, die leer oder leicht angehen (Ventilatoren, Zentrifugalpumpen, Bohrmaschinen) und weniger für solche, die ein stärkeres Anzugsmoment verlangen, wie größere Förderhaspel, Kolbenpumpen usw. Vielfach verwandt wird er bei Einzelkraftübertragungen (insbesondere bei Wasserhaltungsanlagen), wo 1 oder 2 Motoren zugleich mit der Primärmaschine in und außer Betrieb gesetzt werden können, wo also eine allmähliche Steigerung und Herabminderung des Stromes stattfindet.

Während bei Einzelkraftübertragungen recht große Kurzschlußankermotoren (z. B. 2 sechshundertpferdige auf Zeche Mansfeld bei Langendreer) betrieben werden können, kommen für den Anschluß an Verteilungsnetze nur solche von geringer Stärke in Betracht.

Eine größere Regulierfähigkeit der Stromentwicklung in dem Läufer ist bei den **Gegenschaltungs-** und besonders bei den **Schleifringmotoren** vorhanden. Bei der ersteren Type besteht die Läuferwicklung aus mehreren Spulengruppen, welche beim Anlassen und Ausschalten des Motors mit Hilfe einer auf der Achse sitzenden Kontaktvorrichtung so verbunden werden, daß sich ihre Wirkungen gegenseitig schwächen und deshalb von dem Läufer nur Strom von geringerer Stärke aufgenommen wird. Für den eigentlichen Betrieb wird durch eine Betätigung der Kontakte die Schaltung derartig verändert, daß die Läuferspulen zur vollen Wirkung kommen. Die erforderlichen Schaltungsmanöver werden jetzt gewöhnlich automatisch durch einen Achsenregulator (Zentrifugalgegenschaltung) ausgeführt. Der Schaltungswechsel erfolgt, wenn der Läufer eine bestimmte Tourenzahl erreicht hat.

Auch die Gegenschaltungsmotoren eignen sich nur für geringere Leistungen (bis zu etwa 20 PS); darüber hinaus ergeben sich auch für sie Betriebsschwierigkeiten.

Bei größerem Kraftverbrauch sind also nur die Schleifringmotoren zu verwenden, bei denen die Entwicklung des Stromes im Ständer beim Anlassen und vor dem Ausschalten wie bei den Gleichstrommotoren durch die Einschaltung von Stufenwiderständen geregelt wird. Zum Anschluß der Widerstände sind blanke Leiter, Schleifringe und Bürsten, erforderlich.

Hinsichtlich der Berührungsgefahr ist von allen Motoren die Kurzschlußankertype die sicherste, weil blanke stromführende Teile nicht vorhanden sind. Ihr kommt am nächsten der Zentrifugalgegenschaltungsmotor, bei dem die

Fig. 25.
Drehstrommotor der Siemens-Schuckertwerke mit außenliegenden Schleifringen in offener Ausführung.

Kontakte in einer verschlossenen Büchse[33] untergebracht sind, welche mit dem Gestell geerdet oder durch Isoliermasse überdeckt werden kann.

Von den Schleifringmotoren lassen sich am leichtesten die mit außerhalb der Lager liegenden Schleifringen (Fig. 25 u. 26) verkapseln.

Aus dem Vorstehenden erhellt, daß der von den Sicherheitsvorschriften (§ 46 g) speziell für Bergwerksmotoren, bei denen die Spannung eines Poles gegen Erde 250 V übersteigt, geforderte Schutz gegen Berührung sich bei allen Motorarten anbringen läßt. Eine vermehrte Sicherheit wäre bei den Maschinen, deren Betrieb öfters Manipulationen in der Nähe stromführender Blankleiter erfordert, wie das Bürsteneinstellen bei den Gleichstrommotoren, dadurch zu erreichen, daß die Tür des Gehäuses so mit einem Ausschalter

---

[33] Glückauf 1900. S. 702.

verblockt wird, daß beim Öffnen selbsttätig eine Unterbrechung des Stromes erfolgt. Besonders ist auch auf die Abdeckung der blanken Leitungsenden und der Klemmen von Maschinen, Transformatoren und Apparaten zu achten. Sie müssen entweder durch einzelne isolierende Kappen wie bei dem Transformator in Fig. 27 oder durch gemeinsame Schutzkästen wie bei dem Motor in Fig. 25 der Berührung entzogen sein.

Wie notwendig es ist, diese Schutzmittel kräftig zu gestalten und widerstandsfähig zu befestigen, zeigt ein Unfall im sächsischen Bergbau[34]), der sich — soweit festzustellen war — folgendermaßen zugetragen hat:

Ein Fördermann berührte das nicht genügend isolierte Ende einer Stromzuleitung an einem Haspelmotor und empfing einen Schlag, der ihn betäubte

Fig. 26.
Drehstrommotor der Siemens-Schuckertwerke mit außenliegenden Schleifringen
in verkapselter Ausführung.

und auf den hölzernen Schutzkasten der Anschlußklemmen warf. Als dieser durch die Wucht des auffallenden Körpers zertrümmert wurde, kam der Verunglückte mit den Klemmen direkt in Berührung und wurde getötet. Außerordentlich stabil erscheint der für den Anschluß eines Kabels bestimmte gußeiserne Kasten, mit dem der Motor in Fig. 28 ausgerüstet ist.

Eine derartige, starken mechanischen Einwirkungen trotzende Bemessung der Schutzgehäuse ist für die Motoren, welche von den Ortsbelegschaften bedient oder ihnen auch nur zugänglich sind, unbedingt erforderlich. Daß unter Umständen auch die beste Bewehrung nichts hilft, beweist ein Unfall, welcher sich auf dem Steinkohlenbergwerk Deutschland in Oelsnitz, Sachsen, ereignete[35]). Dort erhielt ein Fördermann einen starken Schlag, der ihn für

---

[34]) **Ehrhard**, der elektrische Betrieb im Bergbau S. 88 ff.
[35]) **Ebendort**, S. 95 ff.

kürzere Zeit betäubte, und Brandwunden, als er die Luttenleitung eines
elektrisch betriebenen Sonderventilators berührte. Als Ursache des Stromaustritts aus dem Motor wurde festgestellt, daß ein 1,5 mm starkes gelochtes
Blech, mit dem eine Lüftungsöffnung des gußeisernen Motorgehäuses auf der
Innenseite abgedeckt war, durch einen Schlag mit einem harten spitzen
Körper zertrümmert worden war. Die aufgebogenen Kanten des Bleches waren
dabei mit der Wicklung des Motors in Berührung gekommen und hatten
dadurch den Stromaustritt auf den Ventilator und die Luttenleitung ermöglicht.
Bei genügender Erdung des Gehäuses wäre der Fall unmöglich gewesen.

Fig. 27.
Transformator mit gegen Berührung geschützten
Anschlußklemmen.

Der Brandgefahr wird bei
den Motoren durch eine widerstandsfähige Isolation, gute Instandhaltung und Bedienung
(insbesondere Vermeidung stärke-
rer und längerer Überlastung),
sowie durch die für Maschinenanlagen geforderte feuersichere Aufstellung (s. S. 26 ff.) vorgebeugt.
Bei Wechselstrommotoren, die an
Verteilungsnetze angeschlossen
sind, ist besonders auch darauf
zu achten, daß sie vor dem
Wiederanlassen des Stromer-
zeugers nach einer Betriebspause
ausgeschaltet werden. Geschieht
dies nicht, so arbeitet der Motor,
insbesondere der mit Kurzschlußanker, beim Angehen der Primärmaschine zunächst als Transformator, dessen sekundäre Wicklung kurz geschlossen ist, und
nimmt dabei leicht so viel Strom auf, daß die Wicklung erglüht und die
Isolation verbrennt.

Auf der Grube des Lugauer Steinkohlenbauvereins zu Lugau in Sachsen
entstand auf diese Weise im November 1901 ein Grubenbrand [36]). Ein Arbeiter
war an einem Sonntage zur Reparatur der Luttenleitung eines elektrisch
betriebenen Ventilators eingefahren. Zur Verbesserung des Wetterzuges ließ
er den 3 pferdigen Kurzschlußankermotor des Ventilators angehen, der bald
darauf aber stehen blieb, da die Primärmaschine außer Betrieb gesetzt wurde.
Nach Beendigung seiner Arbeit fuhr der Arbeiter aus, ohne den Schalthebel
wieder ausgeklinkt zu haben. Dazu war er durch den Umstand verführt
worden, daß der Motor stand. Als der Maschinist am Abend die Primär-

---

[36]) Ehrhard, der elektrische Betrieb im Bergbau S. 103 ff.

maschine wieder in Gang setzte, nahm der Motor solange, bis die volle Betriebsspannung im Netze vorhanden war — was im vorliegenden Falle 2—3 Minuten dauerte — Strom auf, ohne in Bewegung zu kommen. Der stillstehende Anker wurde dabei, ehe die Sicherungen ansprachen, so überlastet, daß die Isolation in Brand geriet.

Ähnlich lag der bereits erwähnte Fall auf Zeche Preußen I (s. S. 36) bei welchem starke, an dem Ausschalter des Koksbrechmotors entstandene Lichtbogenbildungen dem Maschinisten Brandwunden zufügten. Der wirksamste Schutz gegen eine derartige Überlastung der Motoren ist die Einfügung eines selbsttätigen Minimalstromausschalters in die Leitung, der bei der Stillsetzung der Primärmaschine den Strom unterbricht.

Fig. 28.

Drehstrommotor mit angebautem Anschlußkasten für das Zuleitungskabel. Ausgeführt von den Siemens - Schuckertwerken.

Dieser Apparat hätte auch den weiter unten näher beschriebenen Brand in der Modellwerkstätte des Bergwerks- und Hüttenvereins Friedrich-Wilhelmshütte zu Mülheim a. d. Ruhr verhindert, der auch dadurch verursacht wurde, daß der Anlasser des Betriebsmotors nicht vollkommen ausgeschaltet war.

Hinsichtlich der Explosionsgefahr bietet der Kurzschlußankermotor die größte Sicherheitsgarantie, da bei ihm ein Stromübergang überhaupt nicht stattfindet und somit eine Funkenbildung ausgeschlossen ist. Bei den Zentrifugalgegenschaltungsmotoren kann der Explosionsgefahr in wirksamer Weise dadurch entgegengetreten werden, daß man die funkengebenden Teile in eine luftdicht verschlossene (verlötete) Büchse verlegt. In dieser Ausführung gewähren die Motoren fast die Sicherheit der Kurzschlußankertype.

Da sich die für die Schlagwettergefahr hauptsächlich in Betracht kommenden Maschinen (s. S. 20), wie Bohrmaschinen, Sonderventilatoren, kleine Pumpen usw., ohne Schwierigkeiten mit den beiden vorerwähnten Motorarten betreiben lassen, so ist man durch die Einführung dieser Motoren bezüglich

der Verwendungsmöglichkeit elektrischer Kraftübertragung in Schlagwettergruben um einen großen Schritt vorwärts gekommen.

Besondere Schutzvorrichtungen sind an den Schleifring- und Gleichstrommotoren anzubringen, bei welchen Funkenbildungen zwischen Schleifringen
bzw. Kollektoren und den Bürsten auftreten. Bei den Wechselstrommotoren
sind diese Funken gewöhnlich zwar klein, aber immerhin zu fürchten, da sie
bei einem größerem Abstande zwischen Schleifring und Bürste, wie er
während des Betriebes leicht entstehen kann, zündfähige Kraft erlangen. Die
Möglichkeit der Funkenbildung wird durch die Anordnung mehrerer Bürsten
an demselben Schleifring, von denen eine mit ziemlicher Sicherheit einen
funkenfreien Stromübergang vermitteln wird, vermindert, aber nicht ausgeschlossen.

Die österreichische Bergpolizeiverordnung tritt der Funkenentwicklung
an den Bürsten von Schleifringmotoren dadurch entgegen, daß sie eine Vorrichtung zum Kurzschließen der Schleifringe verlangt und eine solche zum
Abheben der Bürsten, bei welcher kräftigere Funken entstehen können, verbietet (A. II. 3. b).

Weit gefährlicher sind die starken Kollektorfunken an Gleichstrommaschinen, wie sie namentlich bei schlechter Bürstenstellung und Belastungs-
schwankungen entstehen.

Der vermehrten Gefahr trägt die Wiener Vorschrift (A. II. 3. a) dadurch
Rechnung, daß sie „in Grubenräumen, für welche Sicherheitsgeleuchte vorgeschrieben ist", die Aufstellung aller Maschinen, bei denen Gleichstrom über-
leitende Bürsten zur Verwendung kommen, also der Stromerzeuger, rotierenden
Umformer und Gleichstrommotoren, untersagt.

Für die Schlagwettergruben der höchsten (3.) Gefahrenklasse verbietet
aus demselben Grunde auch die belgische Verordnung die Aufstellung von
Stromerzeugern (Art. 2).

Ein schlagwettersicherer Abschluß von Maschinen läßt sich auf
zwei prinzipiell verschiedenen Wegen herbeiführen:
1. durch eine luftdichte Einschließung des ganzen Motors oder nur der
   funkengebenden Teile,
2. durch eine Umkapselung der Kollektoren oder Schleifringe mit Drahtgaze, dem Schutzmittel der Davyschen Sicherheitslampe.

Die belgischen und, anscheinend nach ihrem Vorbild, die österreichischen
Bestimmungen schreiben die erstere Schutzmethode in folgenden Worten vor:
Belgische Bergpolizeiverordnung (Art. 4):
„Die Stromerzeuger, Stromempfänger und Transformatoren müssen
außerdem vollständig mit luftdicht schließenden Umhüllungen aus Metall
umgeben werden, die so eingerichtet sind, daß der zwischen Apparat und
Umhüllung verbleibende freie Raum möglichst klein ist. Die nötigen
Öffnungen müssen mit Scheiben aus dickem Glase versehen werden. Die
äußere Umhüllung darf während des Ganges des Apparates nicht abgenommen werden."

Die Wiener Polizeiverordnung (A. 3. b) S. 1.:

„Umformer und Motoren sind entweder gasdicht gekapselt zu bauen oder in ein besonderes gasdichtes Schutzgehäuse einzuschließen. In beiden Fällen soll das eingeschlossene Luftquantum möglichst klein sein."

S. 3: „Die Einkapselung sowohl als das Schutzgehäuse müssen behufs Lüftung abnehmbare, für gewöhnlich dicht verschlossene Deckel erhalten. Zur Beobachtung der Schleifringe und Bürsten muß eine mit wenigstens 5 mm starkem Glas verschlossene Öffnung vorgesehen sein."

Der luftdichte Abschluß ganzer Motoren, welcher von der belgischen und österreichischen Bergpolizeiverordnung gefordert wird, ist aus folgenden Gründen so gut wie unmöglich. Während des Betriebes erhitzt sich die Luft im Inneren des Motors und wird infolge der Volumenvermehrung gepreßt. In diesem Zustande sucht und findet sie zwischen den Paßstücken des Motorgehäuses, sowie zwischen Welle und Lager genügend Raum zum Austritt, an letzterer Stelle, indem sie eventuell das Schmieröl verdrängt. In der nächsten Betriebspause kühlt sich die Luft im Gehäuse ab, es entsteht ein Vakuum, das die Außenatmosphäre an den undichten Stellen einsaugt. Bei der großen Diffusionsfähigkeit der Schlagwetter, welche bekanntlich durch die feinen Poren einer Tonzelle dringen, wird das Motorinnere bald ein angereichertes Schlagwettergemisch enthalten, das bei der nächsten stärkeren Funkenbildung zur Explosion kommen kann. Obwohl der Franzose Chalon schon im Jahre 1894 auf diese Gefahr aufmerksam machte, schreiben neben den bereits erwähnten Vorschriften auch die neuesten englischen Bestimmungen diesen unausführbaren luftdichten Abschluß vor. Auch der erste Entwurf der jüngsten deutschen Sicherheitsvorschriften war ihrem Beispiel gefolgt. Auf die Bedenken hin, die von bergmännischer Seite geäußert wurden, hat man in der definitiven Fassung nur einen schlagwettersicheren Bau der Maschinen verlangt, also alle zweckdienlichen Schutzmittel zugelassen. Nach den neuesten Versuchen, welche, vom Verein für die bergbaulichen Interessen im Oberbergamtsbezirk Dortmund angeregt, auf der berggewerkschaftlichen Schlagwetterversuchsstrecke zu Schalke mit Sicherheitskonstruktionen von Motoren und Apparaten ausgeführt wurden, waren die Bedenken bezüglich dieser Abschlußart selbst bei neuen, sorgfältig abgedichteten Motoren sehr berechtigt.

Eine beträchtliche Erhöhung der Sicherheit ließe sich bei luftdicht verkapselten Motoren dadurch erzielen, daß man der während des Betriebes erhitzten Innenluft die Möglichkeit zur Expansion verschafft, indem man die Umkapselung mit einem als Druckregeler arbeitenden Flüssigkeitsabschluß, wie z. B. einem mit Öl gefüllten U-Rohr, in Verbindung bringt. Bei der Erhitzung verdrängt die Luft das Öl aus dem an das Gehäuse angeschlossenen Rohrschenkel; eine wesentliche Druckerhöhung und ein Austreten der Luft aus dem Gehäuse kann dann nicht stattfinden, deshalb bleibt auch das beim Erkalten der Luft entstehende Vakuum aus, welches das Eindringen des Grubengases befördert. Statt des U-Rohres kann auch eine den Gasometerglocken nachgebildete Vorrichtung verwandt werden.

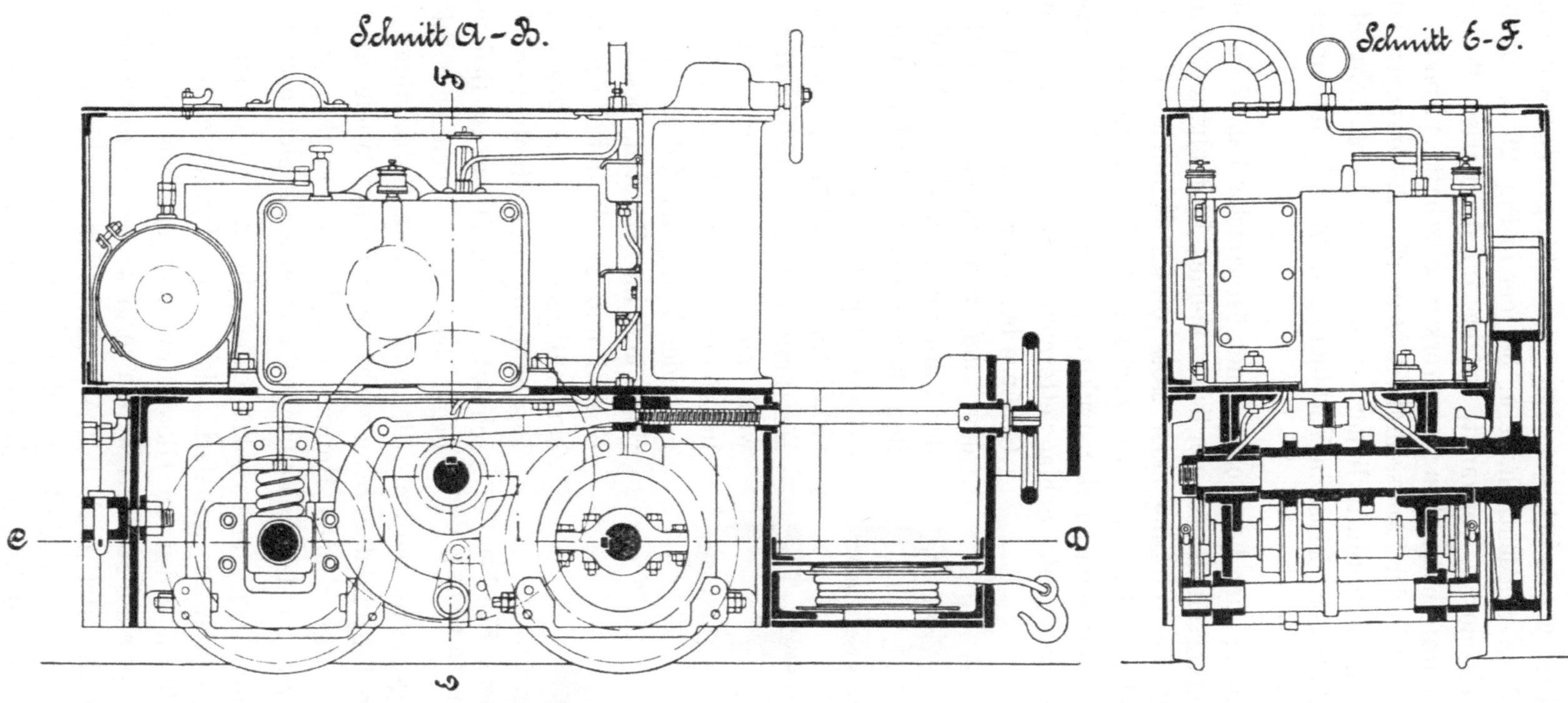

Fig. 29.　Fig. 30.

Akkumulatoren-Lokomotive der C$^{\underline{ie}}$ Vicoigne et Noeux für den Betrieb in schlagwettergefährdeten Strecken.

Auf andere Art läßt sich der Eintritt der Wetter in die Gehäuse dadurch verhindern, daß man gepreßte schlagwetterfreie Luft oder Kohlensäure einführt. Dieses Mittel wurde schon anfangs der achtziger Jahre durch Atkinson vorgeschlagen und verschiedentlich, u. a. bei der in Fig. 29 u. 30 abgebildeten Akkumulatoren-Lokomotive, verwandt, welche auf der Pariser Weltausstellung 1900 von der nordfranzösischen Bergwerksgesellschaft Vicoigne et Noeux vorgeführt wurde. Wie der Längsschnitt A-B in Fig. 29 erkennen läßt, ist die Lokomotive mit einem Preßluftzylinder versehen, der durch Rohrleitungen mit dem Motor- und Anlassergehäuse in Verbindung steht. Ein Manometer (Fig. 30) zeigt den Luftdruck an.

Die Bestimmung der belgischen und österreichischen Verordnung, daß bei luftdichter Umkapselung ein möglichst kleines Luftvolumen eingeschlossen werden soll, will die Wirkung einer trotz dieses Schutzmittels eintretenden Explosion herabsetzen. Dazu ist zu bemerken: Das Minimum des abgesperrten Innenraums, unter das man aus konstruktiven Gründen nicht herabgehen kann, wird immer eine so große Schlagwettermenge aufnehmen können, daß das Gehäuse bei der Explosion zertrümmert wird, oder daß zum mindesten nach Lockerung der Paßteile gefährliche Stichflammen aus ihm heraustreten. Zudem würde ein derartiger enger Abschluß die innere Luftzirkulation so ziemlich aufheben. Eine Herabminderung des abzusperrenden Raumes wird nur möglich sein, wenn man die luftdichte Umkapselung auf die funkengebenden Teile, die Kollektoren oder Schleifringe und ihre Bürsten, beschränkt und das Gestell und die Armatur des Motors durch ein ventiliertes Gehäuse gegen mechanische Beschädigungen, Staub und Feuchtigkeit schützt. Dann fallen die Bedenken, welche gegen den hermetischen Abschluß des ganzen Motors geltend gemacht werden. Besonders ist die Luftkühlung vollkommen ausreichend. Die Luft in dem Schutzgehäuse wird nur wenig expandieren, da sie durch die bei gutgehaltenen Motoren sehr kleinen Funken und die Reibung am Kollektor bezw. an den Schleifringen nur unwesentlich erwärmt wird.

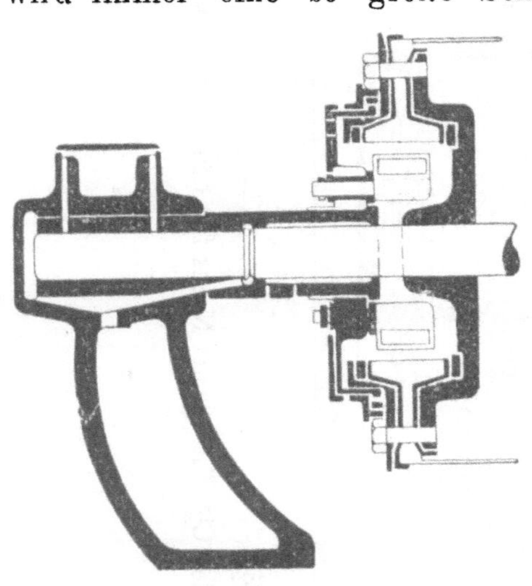

Fig. 31.
Schlagwettersicherer Kollektor für Gleichstrommotoren von Davis u. Stokes.

Die Engländer Davis und Stokes haben durch eine besondere Kollektorkonstruktion den Beweis geliefert, daß eine Umkapselung lediglich der funkengebenden Teile selbst an Gleichstrommotoren, wo die sperrigen Teile der Bürstenträger gewisse Schwierigkeiten verursachen, auszuführen ist (Fig. 31). Auf der Motorwelle sitzt nach der Ankerseite hin eine eiserne Tragescheibe, welche mit einem ringförmigen Körper durch Schrauben verbunden ist. Zwischen Platte und Ring sind isoliert die Kollektorlamellen so befestigt, daß sie einen geschlossenen Hohlzylinder bilden. Die Ankerdrähte sind auf der Außenseite der Büchse an die Lamellen angeschlossen. Dieser umlaufende Innenkollektor wird nach der Lagerseite zu durch eine feststehende Scheibe abgedichtet, welche die drehbaren, von außen zu bedienenden Bürstenträger hält. Über den engen Zwischenraum, der zwischen der Kollektorbüchse und der Scheibe verbleibt, legt sich ein an der ersteren isoliert befestigter Ring ebenfalls so, daß nur ein minimaler Abstand zwischen seiner Innenfläche und dem Rande der Bürstenträgerscheibe vorhanden ist. Durch diese Anordnung wird eine sogenannte Labyrinthabdichtung zwischen den beweglichen und rotierenden Paßstücken geschaffen, welche nach angestellten Versuchen den Austritt der Explosionsflamme aus dem Gehäuse verhindern soll. Glimmerfenster, welche in die Bürstenträgerscheibe eingesetzt sind, gestatten die Beobachtung der Funkenbildung. Wird zum Zwecke der Bürstenerneuerung eine Öffnung des Kollektors erforderlich, so muß der Paßring erst losgeschraubt werden. Ein Fehler der Konstruktion liegt darin, daß der von den Bürsten im Betriebe abgeriebene leitende Kohlen- oder Metallstaub sich in der Büchse ansammelt und die tiefstehenden Lamellen kurzschließt.

Da gegenwärtig nur mehr verhältnismäßig wenig Gleichstrommotoren unter Tage verwandt werden, beanspruchen die Schutzvorrichtungen für Schleifringmotoren, die für bestimmte Zwecke, z. B. den Antrieb größerer Förderhaspel usw., unentbehrlich sind, weit mehr Interesse. Da ihre Bürsten keiner besonderen Einstellung und nur seltener Wartung bedürfen, ist der Abschluß konstruktiv viel einfacher wie bei den Gleichstrommotoren. Außenliegende Schleifringe (Fig. 25) werden durch eine zweiteilige Umkapselung geschützt (Fig. 26), welche sehr wenig Luft mit einschließt. Bei einer neueren Ausführung hat man die Schleifringhülle mit Öl ausgegossen und dadurch den Schlagwettern den Eintritt unbedingt versperrt.

Die nach dem Prinzip der Davyschen Sicherheitslampe hergestellte schlagwettersichere Ummantelung von funkengebenden Teilen wurde zuerst von der Firma Goolden & Co. in London bei Gleichstrommotoren angewandt, später aber auch von deutschen Firmen (Siemens u. Halske, Lahmeyer u. a.) benutzt. Eine Vorbedingung für die Sicherheit dieser Abschlußmethode ist die möglichste Beschränkung des abzusperrenden Raumes. Ist das Volumen der Innenatmosphäre zu groß, so sind kräftige Explosionen zu befürchten, welche das Schutznetz zerreißen oder zum Erglühen bringen. Da außerdem die Gazeoberfläche und der Gehäuseinhalt in ein ähnliches Verhältnis gebracht werden müssen wie bei der Sicherheitslampe, so kommt hier nur der Abschluß der funkengebenden Teile, nicht der ganzen Motorgehäuse in Frage. Eine Vergrößerung der Schutzwirkung läßt sich dadurch erzielen, daß man mehrere Netze übereinander anordnet. Die mechanische Beschädigung der Gaze muß durch Überdeckung mit Gitterblech, stärkerem Drahtnetz usw. verhindert werden. Der Staub, der sich auf dem Schutznetz niederschlägt, kann leicht mit Hülfe eines kleinen Blasebalges oder auch durch Bürsten entfernt werden.

Es besteht kein Zweifel, daß ein richtig konstruierter Drahtgazeschutz, der den Vorteil einer Ventilation des Innenraumes gewährt, sich selbst in sehr explosionsgefährlichen Gemischen sicher erweisen wird.

Außer den Bestimmungen über die Konstruktion der in Schwagwettergruben zugelassenen Motoren geben verschiedene Sicherheitsvorschriften noch Anordnungen über Aufstellung, Verwendung und Betrieb derselben.

Nicht schlagwettersicher gebaute Maschinen lassen die deutschen Vorschriften nur im einziehenden Wetterstrom zu (§ 46 q). Im Absatz r desselben Paragraphen geben sie den gut gemeinten, aber praktisch ziemlich bedeutungslosen Wink:

„Es empfiehlt sich, Motoren und Zubehör möglichst nahe der Sohle aufzustellen“.

Die preußischen Bergpolizeibehörden haben allgemeine Vorschriften über die Verwendung der Motoren in Schlagwettergruben nicht erlassen, sondern in jedem einzelnen Falle verfügt, ein Verfahren, das sich sehr gut bewährt hat.

Die belgischen Bergpolizeiverordnungen bestimmen bezüglich der Aufstellung der Motoren folgendes:

1. Für Schlagwettergruben der 1. und 2. Gefahrenklasse:

Art. 1. „Die elektrischen Stromerzeuger, Stromempfänger (Motoren) und Transformatoren müssen an trockenen und gut gelüfteten Orten aufgestellt sein.“

2. Für Schlagwettergruben der 3. (höchsten) Gefahrenklasse:

Art. 1. „Die Anwendung von elektrischen Stromerzeugern ist verboten. Es ist nur die Anwendung elektrischer Stromempfänger und Transformatoren, die keine Kollektoren und Bürsten besitzen und völlige Sicherheit in Schlagwettergruben bieten, gestattet“.

Art. 2. „Mit Ausnahme derjenigen Apparate, die Kollektoren und Bürsten nicht besitzen und völlige Sicherheit in Schlagwettern bieten, dürfen Stromerzeuger, Stromempfänger und Transformatoren nur in Schächten, Füllörtern, Räumen und Strecken aufgestellt werden, die mit einem frischen, noch vor keinem Arbeitsorte vorbeigeführten Wetterstrome versorgt sind und zu denen kein Zuströmen von Schlagwettern zu befürchten ist.“

Bei Schlagwettergruben der 2. Klasse ist neben der Aufstellung in „Schächten, Füllörtern und Querschlägen“ nur eine solche „in den im Gestein stehenden, mit den Schächten unmittelbar verbundenen Räumen“ zulässig.

Wie der erste Satz des Art. 2 räumt auch die Wiener Verordnung mit vollem Recht den Kurzschlußankermotoren eine bevorzugte Stellung ein, indem sie bestimmt (A. II. 3. b):

„Drehstrommotoren sind womöglich mit Kurzschlußanker auszuführen“.

Über die Bewetterung der Strecken und Räume von Schlagwettergruben, in denen elektrische Maschinen und ihre Zubehörapparate aufgestellt werden, trifft die belgische Verordnung folgende Festsetzungen:

„. . . Die Wetter darin sind von dem Aufsichtspersonal bei jeder Befahrung und von den mit der Handhabung und Überwachung jener Apparate besonders betrauten Arbeitern in häufigen Zwischenräumen zu untersuchen, um sich über die etwaige Anwesenheit eines entzündlichen Gemisches zu vergewissern. Wird das Vorhandensein eines solchen Gemisches festgestellt, so ist der Betrieb der elektrischen Apparate abzustellen“.

Eine Ausnahme von der im letzten Satze gegebenen Bestimmung über die Stillsetzung der Apparate wäre jedenfalls bezüglich der elektromotorisch betätigten Ventilatoren zu machen, da ihr Betrieb dazu beitragen wird, entstandene Gefahr zu beseitigen.

Die österreichische Verordnung verlangt, daß in Räumen, für die Sicherheitsgeleuchte vorgeschrieben ist,

„die Bewetterung des Aufstellungsortes elektrischer Maschinen nicht ausschließlich durch Diffusion erfolgt“.

Für die Wartung der Maschinen gilt noch folgende Vorschrift des Art. 3, S. 3:

„Es ist dafür zu sorgen, daß, soweit irgend möglich, die Erzeugung von Funken an den Kollektoren und Bürsten der Maschinen unterdrückt wird.“

Das einzige Mittel zur Verminderung der Kollektorfunken ist die richtige Einstellung der Bürsten, welche ebenfalls zu den selbstverständlichen Obliegenheiten des Wärters gehört. Die Bestimmung der Wiener Bergpolizeiverordnung bezüglich der Verwendung von Motoren (A. VIa) in Grubenräumen, für welche Sicherheitsgeleuchte vorgeschrieben ist, lautet:

„Von nicht stationären Motoren dürfen elektrische Lokomotiven überhaupt nicht, andere transportable Motoren nur zu Zwecken der Ventilation, Förderung und Wasserhaltung verwendet werden; der Ort ihrer Aufstellung wie jede Veränderung desselben ist dem Revierbergamte binnen 24 Stunden anzuzeigen.“

Das ist recht scharf; elektrische Bohr- und Schrämmaschinen sind also auch verboten. Der Gebrauch der Sonderventilatoren, von denen oft 20 in einer Grube stehen, und die meistens in kurzen Zeiträumen ihren Aufstellungsort wechseln, ist durch die Anzeigepflicht außerordentlich erschwert.

Die Apparate.

Die §§ 34a und 10a der Sicherheitsvorschriften geben für Apparate folgende allgemeine, in erster Linie gegen die Berührungs- und Brandgefahr gerichtete Bestimmungen:

§ 34. a) „Die stromführenden Teile aller in eine Leitung eingeschalteten Apparate müssen bei Verwendung außerhalb elektrischer Betriebsräume derart geschützt sein, daß sie sowohl der Berührung durch Unbefugte entzogen als auch von brennbaren Gegenständen feuersicher getrennt sind.“

Bei Hochspannungssicherungen, -schaltern und anderen -hilfsapparaten „müssen alle Teile, welche Spannung annehmen können, soweit sie im Handbereich sind, durch einzelne Schutzkästen oder gemeinsamen Abschluß

(z. B. Anbringung hinter einer Schalttafel) gegen Berührung geschützt sein. Diese Bestimmung gilt nicht für Apparate und deren Zuleitungen, soweit sie in besonders dafür bestimmten abgeschlossenen Räumen oder an unzugänglichen Stellen angebracht sind."

§ 10. a) „Die äußeren stromführenden Teile sämtlicher Apparate, mit Ausnahme der Hüllen der Steckkontakte, welche in trockenen Räumen (§ 12 c) aus Hartgummi bestehen können, müssen auf feuersicheren, und soweit sie nicht betriebsmäßig geerdet sind, auf in dem Verwendungsraum isolierenden Unterlagen montiert sein."

Das Verbot von Holz, Hartgummi und ähnlichen nicht feuersicheren Materialien als Isolierstoff erscheint sehr gerechtfertigt. Durch das Verbrennen der Hartgummiisolation an einem Anlasser und einem Ausschalter entstanden auf einem sächsischen Steinkohlenbergwerke 3 Unfälle, darunter ein tödlicher [37]).

§ 10. b) „Apparate sind derart zu bemessen, daß sie durch den stärksten normal vorkommenden Betriebsstrom keine für den Betrieb oder die Umgebung bedenkliche Temperatur annehmen können."

e) „Alle Apparate müssen derart konstruiert und angebracht sein, daß eine Verletzung von Personen durch Splitter, Funken und geschmolzenes Material ausgeschlossen ist."

§ 36 b bestimmt für elektrische Betriebsräume:

„Sicherungen, Ausschalter und sonstige Apparate dürfen auch ohne Schutzkasten verwendet werden; doch ist in allen Fällen dafür Sorge zu tragen, daß durch etwaige beim Betrieb auftretende Feuererscheinungen weder Menschen noch brennbare Stoffe gefährdet werden."

Dazu gehört auch, daß die Schutzgehäuse von Schaltern, sofern diese nicht unzugänglich angeordnet sind, so groß bemessen werden, daß in keinem Falle Flammen austreten können wie bei dem mehrfach erwähnten Unfalle des Maschinisten auf Zeche Preußen.

In feuergefährlichen Betriebsstätten ist nach § 39 b bei Anordnung von Sicherungen, Schaltern und ähnlichen Apparaten, in denen betriebsmäßig Stromunterbrechung stattfindet, besonders auf sichere Schutzhüllen aus isolierendem Material zu achten.

In feuchten Räumen will der § 41 e Apparate nach Möglichkeit vermieden haben. Ist ihre Aufstellung dort nicht zu umgehen, so müssen sie in gleicher Weise wie die weiter unten besprochenen Leitungen isoliert werden. Die Anbringung von Ausschaltern und Sicherungen in explosionsgefährlichen Räumen ist durch § 40 b der Sicherheitsvorschriften untersagt.

Für Schlagwettergruben läßt der § 46 o nur Ausschalter, Umschalter und Sicherungen zu, welche luftdicht in kräftigen Gehäusen eingekapselt sind. In demselben Sinne bestimmt die belgische und österreichische Polizeiverordnung; erstere im Art. 18:

---

[37]) Ehrhard, der elektrische Betrieb im Bergbau. S. 99 ff.

„Die Sicherungen, Stromunterbrecher, Kommutatoren und Rheostate sind mit metallenen, luftdicht schließenden Umhüllungen zu umgeben. Die nötigen Öffnungen müssen mit Scheiben aus dickem Glase versehen sein"; letztere im Abschnitt A. IIc:

„Ausschalter, Sicherungen, Widerstände und ähnliche andere elektrische Vorrichtungen sind mit einem gasdichten Schutzgehäuse von möglichst kleinen Abmessungen zu umgeben. Diese Schutzgehäuse müssen abnehmbare, für gewöhnlich jedoch dicht schließende Deckel behufs Lüftung erhalten."

Die Schalter.

Bei Niederspannung müssen die Ausschalter, mit Ausnahme derjenigen in einzelnen Glühlampen-Stromkreisen, wenn sie geöffnet werden, ihren Stromkreis spannungslos machen. (§ 33b der Sicherheitsvorschriften.)

Das Spannungslosmachen erfordert für zweipolige Leitungen einen doppelpoligen Schalter oder zwei Einzelschalter, für dreipolige dreifache Schalter bezw. drei Einzelschalter. Für geerdete Leitungen ist ein Ausschalter nicht erforderlich.

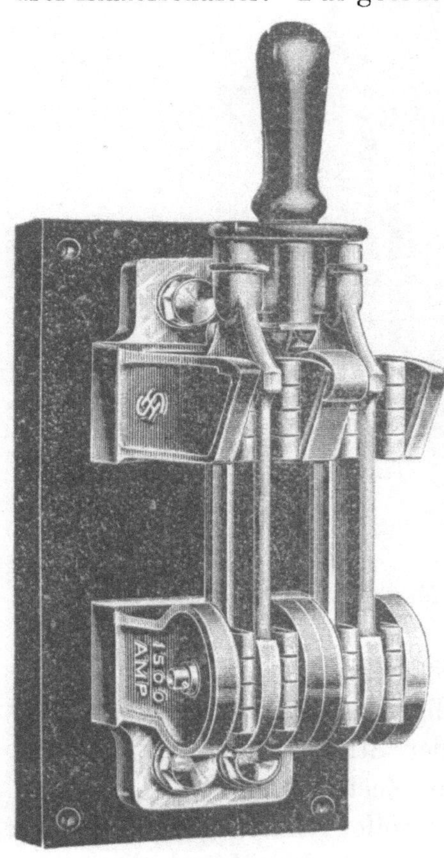

Fig. 32.
Einpoliger Schalter der Siemens-Schuckertwerke für Spannungen bis zu 1000 V.

Es braucht also beispielsweise bei den Trolleyleitungen der Lokomotivförderungen, wo gewöhnlich ein Pol an der Erde liegt, nur der isolierte Draht ausschaltbar zu sein. Das Ausklinken eines Ausschalters, welcher in einer geerdeten Leitung angeordnet ist, hebt die schützende Wirkung der Erdung auf. Deshalb ist durch den § 33a der Sicherheitsvorschriften die Einfügung von Ausschaltern in Nulleiter und betriebsmäßig geerdete Leitungen verboten, wenn nicht die Anordnung so getroffen ist, daß gleichzeitig und zwangsläufig mit den letzteren die übrigen zugehörigen Außenleiter unterbrochen werden.

Für einzelne Stromkreise, an welche nur Glühlampen angeschlossen sind, hätte die Forderung der allpoligen Ausschaltung die Anlage sehr verteuert, ohne die Sicherheit erheblich zu vergrößern. Man hat deshalb in diesem Falle eine Ausnahme zugelassen.

Für Hochspannung wird dagegen allpolige Ausschaltung verlangt.

Bei den Schaltern neuerer Konstruktion wird die Berührung blanker stromführender Teile dadurch erschwert, daß der Griff mit einer Schutzplatte aus Isoliermaterial versehen ist, welcher ein Abgleiten der Hand verhindert (Fig. 32). Bei der doppelpoligen Ausführung (Fig. 33) greift der Bedienende an der mit seitlichen

Handschützern versehenen Querstange aus Isoliermaterial an, welche die beiden Einzelschalter verbindet.

Um die Dauer der Lichtbogenbildung beim Öffnen der Kontakte möglichst zu verkürzen, werden die neueren Schalter mit einer Vorrichtung versehen, welche den Kontakthebel im Augenblick der Öffnung durch Federkraft zurückschnellt, wobei der Lichtbogen abreißt. Diese Momentschalter, „die so konstruiert sind, daß beim Öffnen unter normalem Betriebsstrom kein dauernder Lichtbogen entstehen kann", werden durch die Sicherheitsvorschriften für die

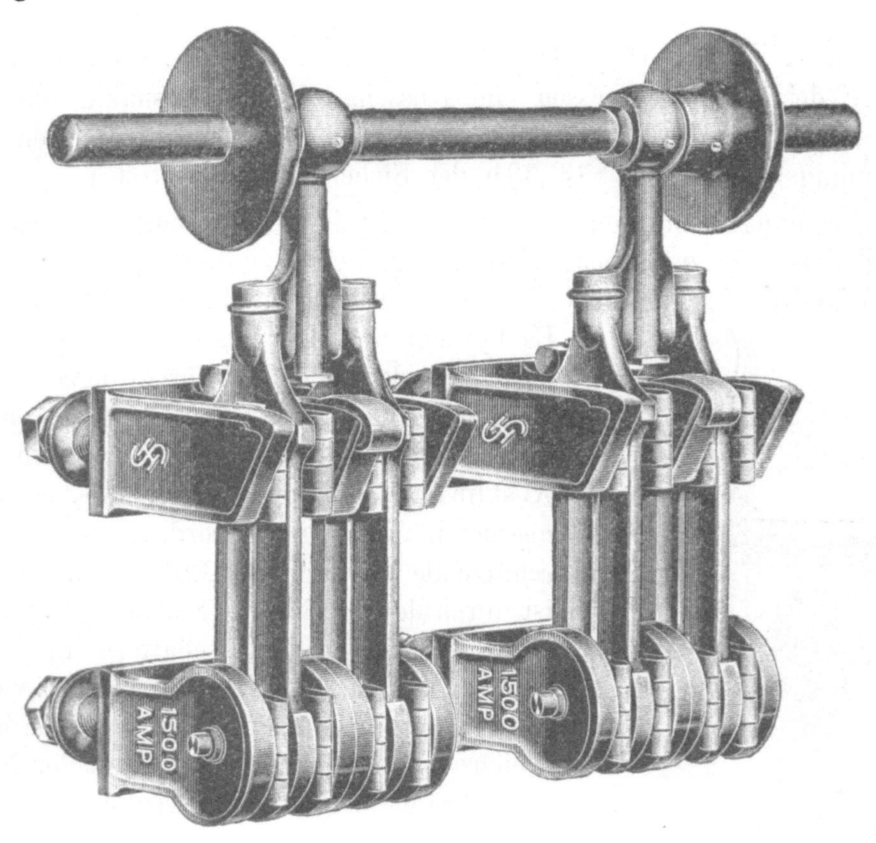

Fig. 33.

Doppelpoliger Schalter der Siemens-Schuckertwerke für Spannungen bis zu 1000 V.

Verwendung außerhalb der elektrischen Betriebsräume gefordert. In den letzteren sind Schutzgehäuse weniger notwendig, weil normaler Weise nur die stromlose Leitung eingeschaltet wird und der Stromschluß selbst an der Verbrauchsstelle erfolgen soll. Der Fall auf Zeche Preußen I, wo der Maschinist der Zentrale den Koksbrechmotor unter voller Belastung einschaltete, zeigt, daß man aber immer mit der Unachtsamkeit des Motorbedienungspersonals zu rechnen hat. Besser ist es, die Schalter der Leitungen, welche direkt zu den Motoren führen, mit genügend bemessenen Schutzgehäusen zu umgeben.

Die belgische Bergpolizeiverordnung trifft bezüglich der Konstruktion der Schalter folgende Anordnung:

Art. 21. „Stromunterbrecher und Kommutatoren" (hier Umschalter) „sind so aufzustellen, daß die Erzeugung dauernder Lichtbogen vermieden wird. Die Stromunterbrecher müssen eine gute Stromverbindung sicherstellen und dürfen sich beim Durchgang des Stromes nicht erhitzen; zu diesem Zwecke müssen die Apparate Schleifkontakte haben und die Berührungsflächen zu mindestens 5 qmm auf 1 A berechnet werden."

Fig. 34.
Schalter mit Blechschutzgehäusen in einem unterirdischen Verteilungsraume.

Die deutschen Vorschriften verlangen bei Niederspannung eine derartige Bemessung der Metallkontakte, daß unter dem normalen Betriebsstrome keine ungehörige Erwärmung eintritt. Die Erwärmung gilt als ungehörig:

1. bei Dosenausschaltern, wenn die Temperatur der Dose 10⁰ C überschreitet;
2. bei Hebelausschaltern, wenn die Temperatur der Kontakte 50⁰ C übersteigt.

Bei Hochspannungsschaltern gilt die Erwärmung als ungehörig, wenn die Übertemperatur der Kontakte mehr als 50⁰ C beträgt (§ 11b). Auf dem festen Teile des Niederspannungsschalters ist die normale Betriebsstromstärke und Spannung, für welche er gebaut ist, zu vermerken. Bei Hochspannungen wird zusätzlich die Angabe der maximalen Stromstärke gefordert, bei der er unter Betriebsspannung betätigt werden kann (§ 11b). Für die zulässigen Größenstufen von Niederspannungsschaltern sind in den

Vorschriften des Elektrotechnikerverbandes über die Konstruktion und Prüfung von Installationsmaterialien besondere Bestimmungen gegeben (§ 11 e).

Ihnen braucht bei den Niederspannungsausschaltern, welche in elektrischen Betriebsräumen oder in unzugänglicher Lage im Freien angebracht sind, nicht genügt zu werden. Dort ist auch die Angabe von Betriebsstromstärke und Spannung nicht erforderlich (§ 11 e).

„Bei Niederspannung müssen die Schalter außerhalb der elektrischen Betriebsräume von Gehäusen umgeben sein." „Gehäuse, soweit sie der Berührung zugänglich sind, und Griffe müssen aus nicht leitendem Material bestehen oder mit einer haltbaren Isolierschicht überzogen sein. Für Griffe und Kuppelungsstangen ist Holz zulässig" (§ 11 e). Hinsichtlich der unterirdischen Betriebsräume, in welchen sich weder Holz noch Hartgummi zuverlässig erwiesen hat (s. S. 20), erscheint die Zulassung dieser Materialien für die Herstellung der Griffe bedenklich.

Einen besseren mechanischen Schutz als die lediglich aus Isoliermasse bestehenden gewähren die geerdeten, innen mit Isoliermasse ausgekleideten Schutzkästen aus starkem Blech, welche in dem unterirdischen Verteilungsraume in Fig. 34 zur Aufstellung gelangt sind.

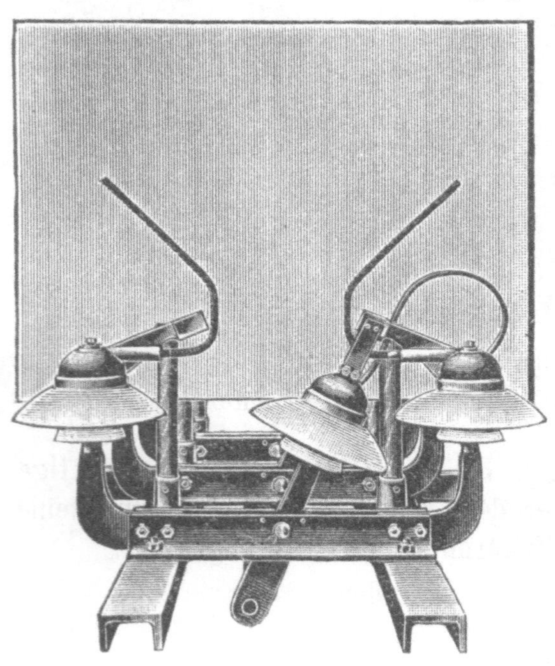

Fig. 35.

Hochspannungsausschalter für Spannungen bis zu 25 000 V. Ausgeführt von Voigt & Häffner, A.-G., Frankfurt a. M.

Hochspannungsschalter „müssen so gebaut sein, daß ihre spannungführenden Teile nach der Montage der zufälligen Berührung entzogen sind. Für Griffe und Kuppelungsstangen ist Holz zulässig, wenn es mit Isoliermasse imprägniert ist. Bei Spannungen über 1000 V müssen die Griffe so eingerichtet sein, daß sich zwischen der bedienenden Person und den spannungführenden Teilen eine isolierende Strecke, in diesem Falle kein Holz, und eine geerdete Stelle befindet."

Dieser Vorschrift, welche im § 33 e nochmals ausgesprochen ist, genügen die Konstrukteure durch die Verlegung der Kontakte auf Porzellan, die Verwendung isolierender Handgriffe und Kuppelungsstangen (Fig. 35 u. 36) in so vollkommener Weise, daß ein Stromaustritt selbst unter ungünstigen Umständen ausgeschlossen ist.

Beide Schaltertypen werden unzugänglich über der Schalttafel montiert und durch Gestänge bedient. Der Schalter (Fig. 35) ist als sogenannter Hörnerschalter ausgeführt. Die oben nach außen gebogenen Kontakte, welche zuerst bei Blitzschutzvorrichtungen verwandt wurden, lassen den beim

Ausschalten entstehenden Lichtbogen rasch erlöschen. Einen Kurzschluß zwischen den Lichtbogen verschiedener Phasen verhindern die zwischen ihnen angeordneten Trennungstafeln aus Isoliermaterial. Bei dem Schalter in Fig. 36

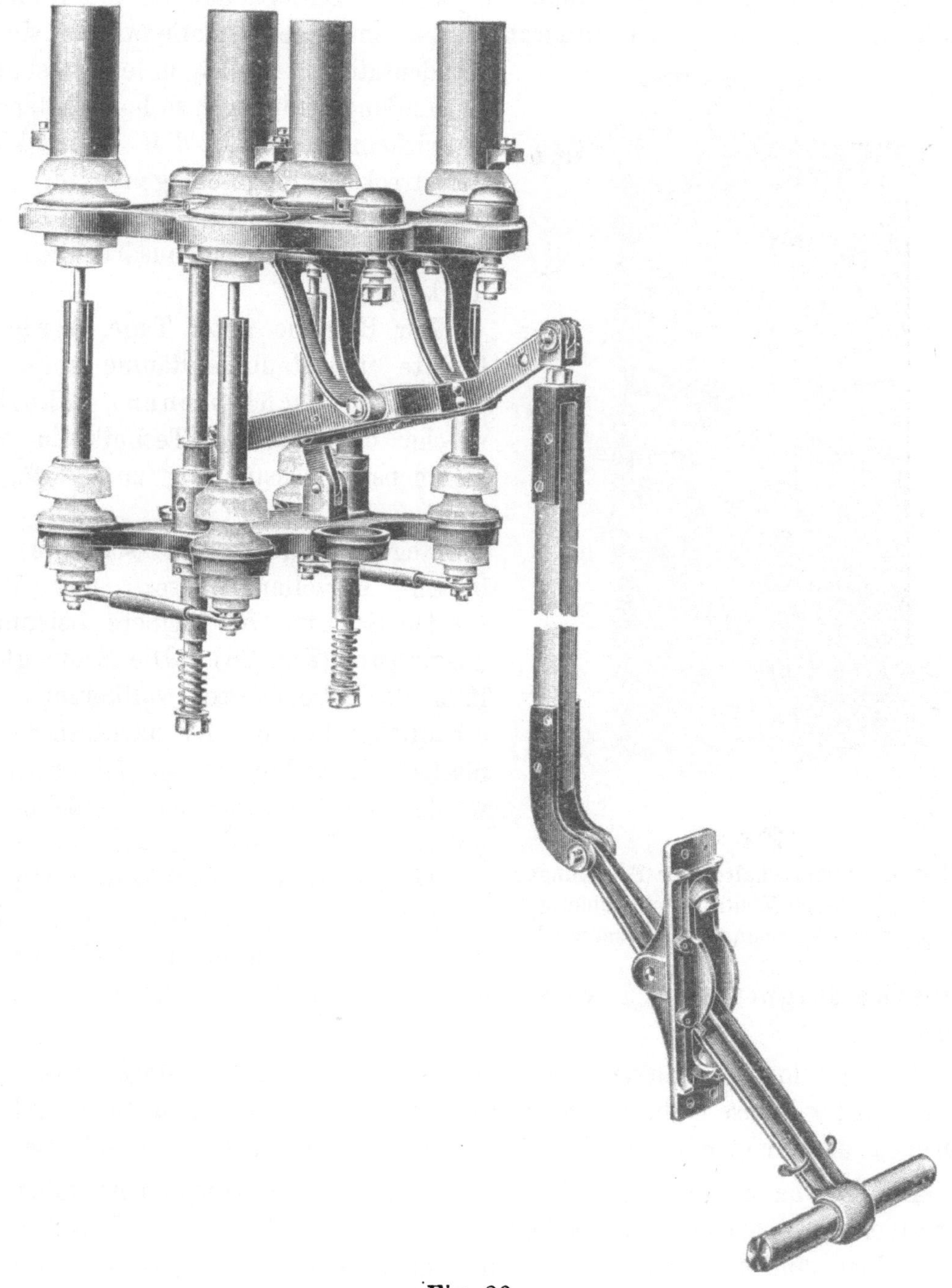

Fig. 36.
Zweipoliger Hochspannungsröhrenausschalter für Spannungen bis zu 15 000 V.
Ausgeführt von den Siemens-Schuckertwerken.

ist eine derartige Schutzvorrichtung nicht erforderlich, da die Lichtbogenbildung in Röhren erfolgt, welche mit einer Isolierhülle umkleidet sind.

Können die Schalter nicht unzugänglich verlagert werden, so entzieht man sie durch ein Schutzgehäuse, aus dem nur der isolierende Griff herausragt, der Berührung (Fig. 37).

Im ausgeschalteten Zustande müssen bei Hochspannungen die Kontakte genügend weit voneinander entfernt sein. Im anderen Falle wirken sie als Kondensatoren, wobei unter Umständen sich Ladungsströme von so hoher Intensität entwickeln können, daß eine kleine Luftstrecke durchgeschlagen wird. Auf diese Gefahr macht der § 11 a der Sicherheitsvorschriften ausdrücklich aufmerksam.

Für Betriebe unter Tage, sowie für feuchte und staubige Räume empfehlen sich die geschlossenen Schalter, welche die moderne Technik in vollkommenster Ausführung zur Verfügung stellt.

Gegen Feuchtigkeit schützen am besten Porzellangehäuse; mit ihnen werden Schalter für kleinere Leistungen ausgerüstet (Fig. 38). Die Schutzglocke läßt das Tropfwasser vollkommen unschädlich ablaufen. Ist stärkeren mechanischen Einwirkungen zu begegnen, so werden die Gehäuse aus Gußeisen angefertigt (Fig. 39—41).

Die Betätigung des Schalters (Fig. 38 bis 40) erfolgt durch wasser- und luftdicht eingeführte Drehwellen, bei der in englischen Bergwerken viel verwandten Konstruktion der Fig. 41 durch ein Zugseil.

Fig. 37.

Hochspannungsschalter für Spannungen bis zu 15 000 V mit Schutzgehäuse. Ausgeführt v. d. Siemens-Schuckertwerken.

Die Berührung blanker stromführender Teile von Schaltern usw. kann in einfachster Weise dadurch verhindert werden, daß man um sie Schutzgehäuse anordnet, die nur geöffnet werden können, wenn die Kontakte ausgeschaltet sind.

Da die von Siemens und Halske auf den Markt gebrachten Ausführungen derartiger „Sicherheitsschaltkästen" in der Zeitschrift „Glückauf" schon beschrieben sind[38]), braucht hier nur mehr der etwas anders gestalteten Konstruktionen der Firmen Voigt u. Häffner in Frankfurt a. M. und Schuckert u. Co. Erwähnung getan zu werden.

Bei dem Sicherheitskasten der ersteren Firma (Fig. 42 u. 43) werden die drehbaren Kontaktmesser durch einen **U**-förmigen Hebel ein- und ausgeklinkt.

---

[38]) Jahrg. 1900, S. 698.

Mit ihm ist der außerhalb des Schutzgehäuses liegende Bedienungsgriff so verbunden, daß die Tür nur geöffnet werden kann, wenn der Schalter geöffnet ist.

Bei dem Sicherheitsschaltkasten von Schuckert (D. R. P. Nr. 108 387) wird dieselbe Wirkung mit anderen konstruktiven Mitteln erzielt.

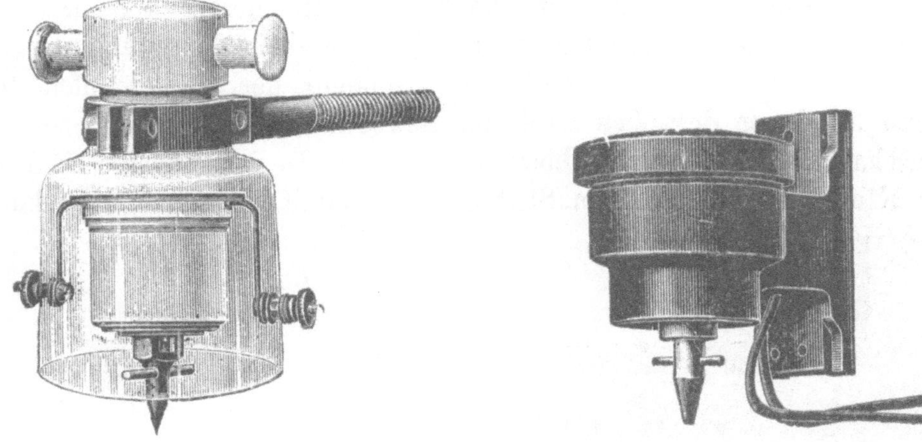

Fig. 38.
Kleine Schalter mit Porzellangehäuse.

Fig. 39.
Kleine Schalter mit Gußeisengehäuse.

Ausgeführt von Voigt u. Häffner, A.-G., Frankfurt a. M.

Die Figuren 44 und 45 zeigen die Verriegelungsvorrichtung bei eingelegtem Schalter, Fig. 46 zeigt das Sperrwerk bei geschlossenem Deckel.

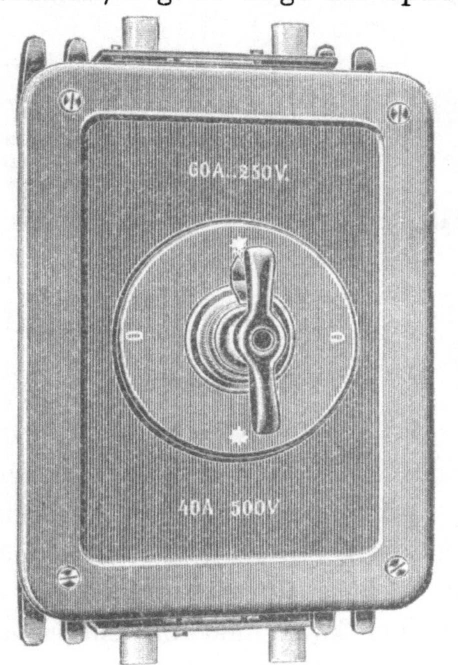

Fig. 40.
Schalter mit wasserdichtem Gußeisen-
gehäuse. Ausgeführt von
Voigt u. Häffner, A.-G., Frankfurt a. M.

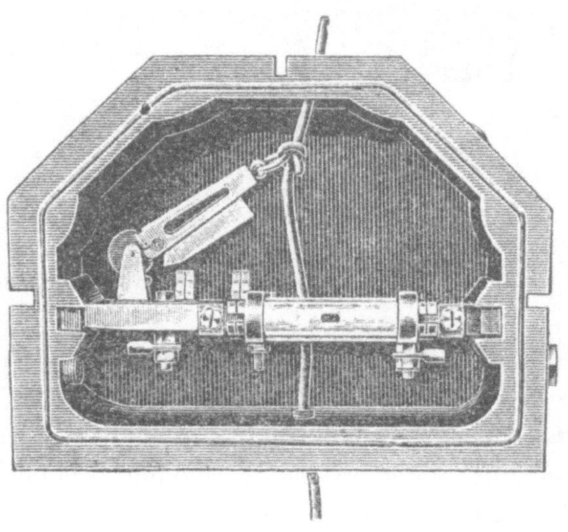

Fig. 41.
Schalter und Sicherung in Gußeisenschutzgehäuse.
Ausgeführt von John Davis & Sohn in Derby,
England.

An die Schalterachse a sind mit Hilfe eines Ringes b zwei Nocken n_1 und n_2 angesetzt, die, bevor der Schalthebel in die Endlagen E_1 und E_2

tritt, die Klinke k_1 derart bewegen, daß sie bei eingelegtem Schalter (Endlage E_1) den an sich geschlossenen Kasten verriegelt. Er kann erst geöffnet werden, wenn der Schalter vollständig ausgeklinkt ist (Endlage E_2), da erst dann der Kastendeckel von der Klinke k_1 freigegeben wird. Hierbei schnappt die unter Federdruck stehende Klinke k_2 (Fig. 46) derart vor die an der Schalterachse a sitzende Exzenternase d, daß eine Weiterbewegung der Achse und damit des Schalters unmöglich ist, solange der Deckel offen bleibt. Erst beim Schließen desselben wird die Bewegung des Exzenters zum Aus- oder Einschalten dadurch freigegeben, daß der am Deckel sitzende Stift S den mit der Klinke k_2 verbundenen Stift S_1 und damit k_2 selbst zurückdrückt.

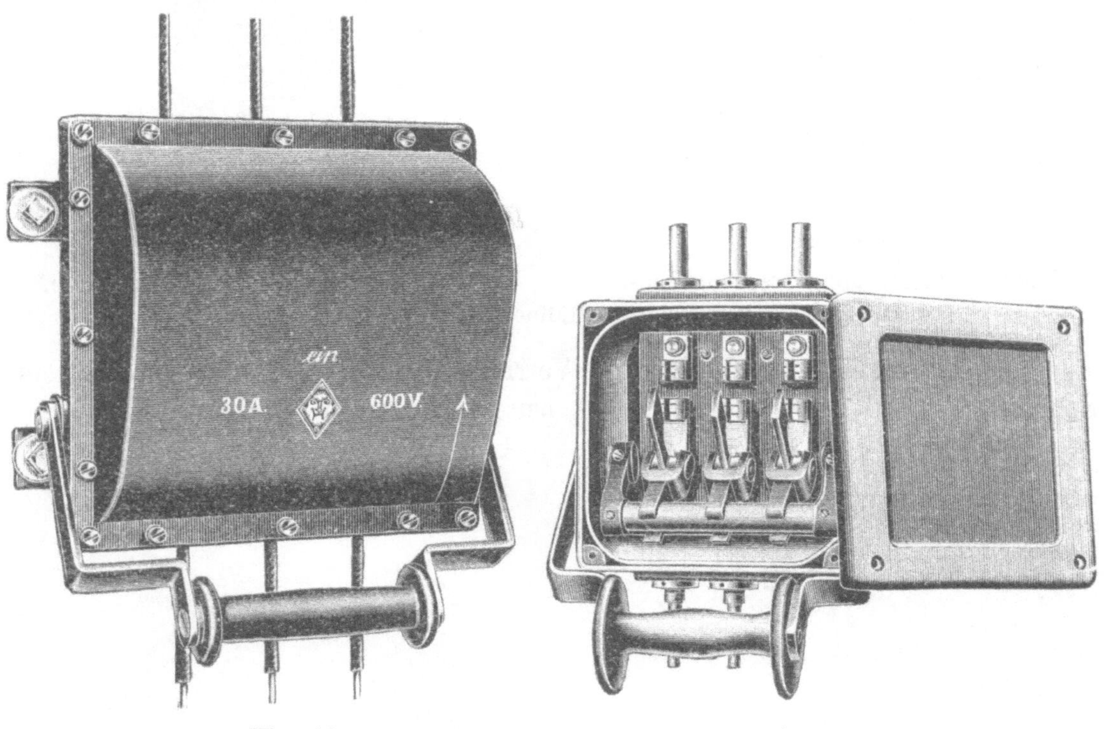

Fig. 42.   Fig. 43.

Sicherheitsschaltkasten von Voigt u. Häffner, A.-G., Frankfurt a. M.

Bei einer anderen Ausführungsform (Fig. 47) sind die Klinken k_1 und k_2 zur Verriegelung des Kastens und Sperrung des Schalters vereinigt. Solange der Schalter sich nicht in der Endlage E_2 befindet, also geöffnet ist, hält die auf seiner Achse a sitzende Scheibe f die Klinke k_3 zurück, sodaß eine Bewegung des am Kastendeckel c sitzenden Nockens n_3 und damit von c selbst unmöglich ist. Dabei drückt n_3 die Klinke k_3 in die ihr entgegenstehende Nut h der Scheibe, wodurch ermöglicht wird, daß der Deckel abgehoben werden kann, während der Schalter gesperrt bleibt. Erst beim Schließen des Deckels gibt k_3 die Schalterachse wieder frei. Die Figuren 48 und 49 stellen eine Ausführungsform des Apparates für den unterirdischen Betrieb dar. Der Schalter ist wasserdicht nebst einer Sicherungsdose in einem gußeisernen Kasten eingeschlossen und durch eine Verriegelungsvorrichtung nach Fig. 47 gesichert. Die Kontaktstücke sitzen auf Porzellanisolatoren,

welche mit dem Gußeisen verschraubt sind. Unzuverlässige Isolationsmittel, wie
Schiefer und Marmor, sind grundsätzlich vermieden. Für Schaltkasten, welche

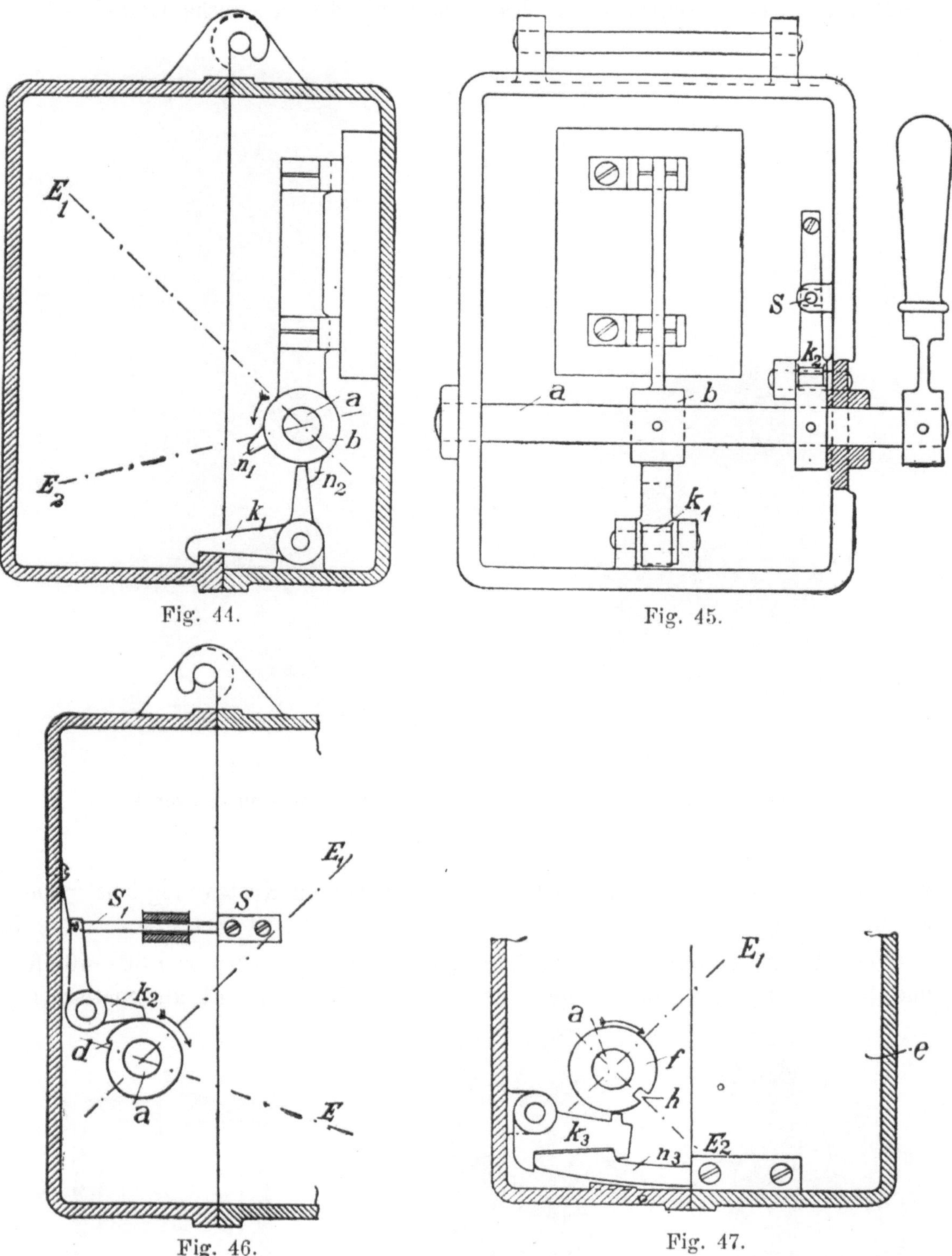

Fig. 44.

Fig. 45.

Fig. 46.

Fig. 47.

Fig. 44—47. Sicheitsschaltkasten der Siemens-Schuckertwerke.

über Tage zur Verwendung kommen sollen, genügt die leichtere Ausführung der
Fig. 50 u. 51, bei welcher das aus Eisenblech hergestellte Gehäuse von einem

gußeisernen Rahmen getragen wird. Am oberen Ende des Grundrahmens sind die Einführungsklemmen, darunter der Ausschalter mit Verriegelungsvorrichtung angeordnet. Der Angriffshebel des Schalters, dessen Mechanismus recht

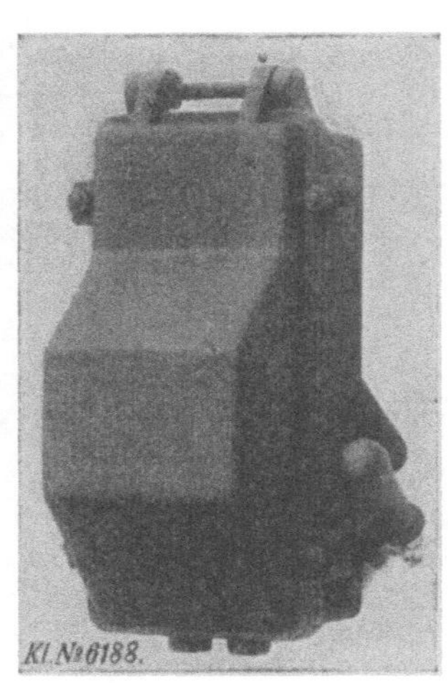
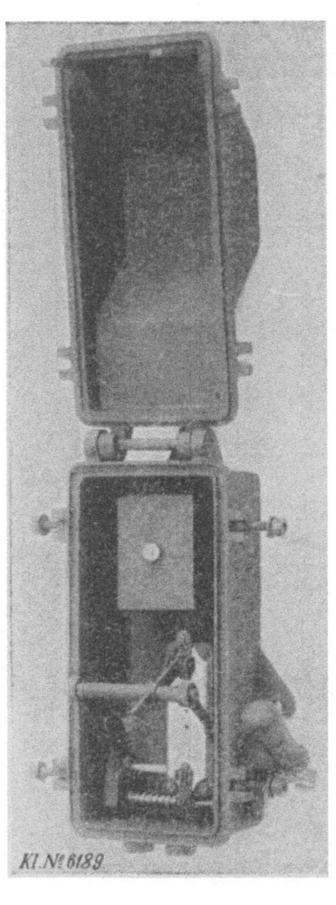

Fig. 48.   Fig. 49.

Ausführung des Sicherheitsschaltkastens der Siemens-Schuckertwerke
für den unterirdischen Betrieb.

kräftig bemessen ist, sitzt links oder rechts seitlich vom Kasten möglichst nahe an der Grundplatte.

Die Apparate werden in 3 Ausführungen für Stromstärken von 30—400 A und Spannungen bis 1000 V geliefert und auf Wunsch mit automatischen

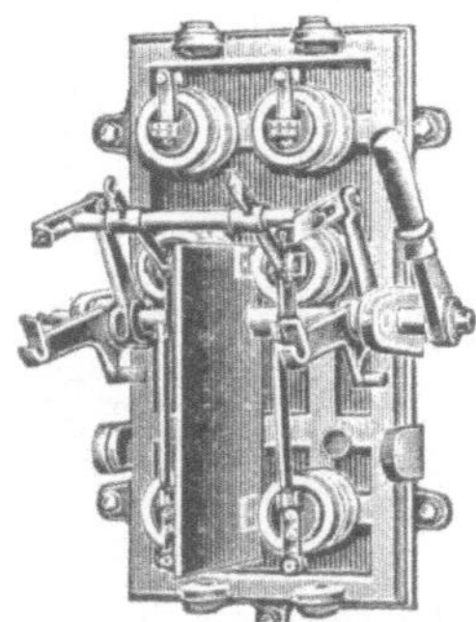
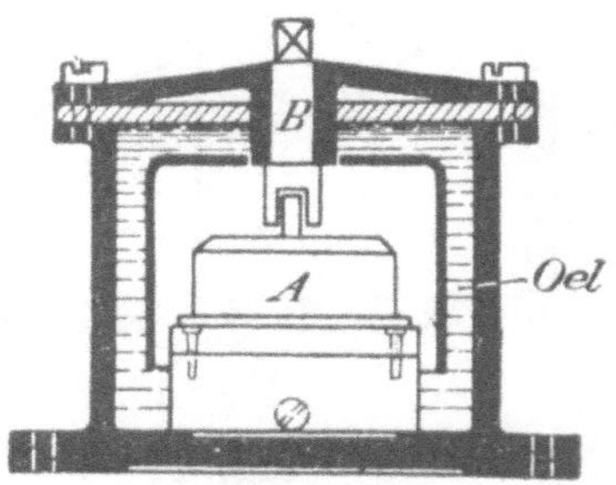

Fig. 50.   Fig. 51.   Fig. 52.

Sicherheitsschaltkasten der Siemens-Schuckertwerke
in leichterer Ausführung.   Schalter mit Ölabschluß.
Ausgeführt von den Siemens-
Schuckertwerken.

Ausschaltern zum Schutze der Motoren gegen plötzliche Überlastungen versehen. Diese Verriegelungsart läßt sich natürlich auch an Gehäusen oder Schutzkästen von Motoren, von Steckkontakten usw. anbringen; die Apparate können dann nur in geschlossenem Zustande unter Strom gesetzt werden. Bleisicherungen lassen sich derart verriegeln, daß das Einsetzen von Bleistreifen nur bei geöffnetem, das Durchschmelzen dagegen nur bei geschlossenem Gehäuse erfolgen kann.

Bei den Versuchen in Schalke haben die starken Funken- und Lichtbogenbildungen der Schalter, wie vorauszusehen war, regelmäßig die Schlagwetter gezündet. Da sich die Innenluft der „hermetisch" abgedichteten Gehäuse bei der Schaltung erhitzt, so erscheint es wahrscheinlich, daß auch in den Schalterkästen bei der Abkühlung ein gefährliches Vakuum entsteht, welches die Kohlenwasserstoffe an der Wellendurchführung in die Schutzhülle

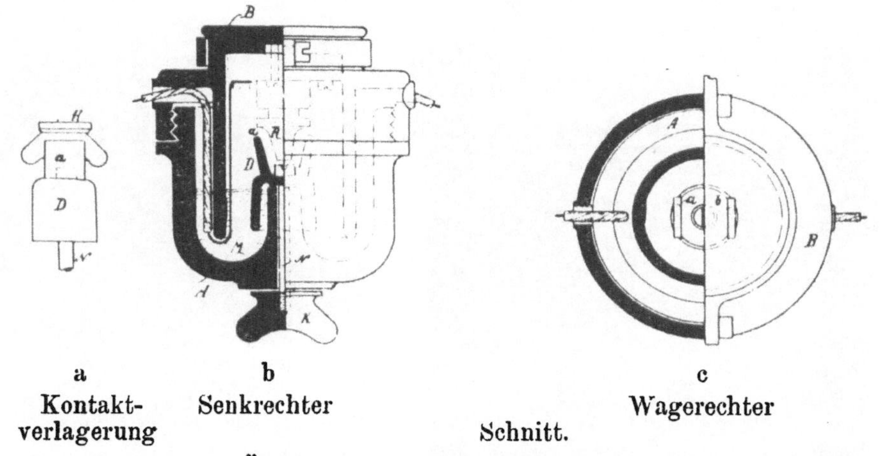

a   b   c
Kontakt-   Senkrechter   Wagerechter
verlagerung   Schnitt.

Fig. 53 a—c. Kleiner Ölschalter der Firma G. Schanzenbach & Co., München.

zieht. Der Gefahr des Eindringens schleichender Gase muß durch eine sorgfältige und haltbare Abdichtung der Stopfbüchse Rechnung getragen werden. Viel sicherer erscheint der Ölabschluß, der nach zwei verschiedenen Arten ausgeführt wird: erstens in der Weise, daß nur die unteren Ränder des Schaltergehäuses in Öl tauchen, und zweitens durch Verlegung der funkengebenden Kontakte in ein Ölbad. Die erstere Abschlußart wird bei dem von Siemens und Halske in Schlagwettergruben, so beispielsweise im Erzherzog Albrechtschachte bei Karwin, verwandten Schalter (Fig. 52) veranschaulicht. Die Kontakte liegen unter einer Glocke, welche mit dem unteren Rande in Öl taucht. Die Drehwelle ist durch die Glocke und das sie umgebende massive Gehäuse geführt. Das Öl wird nach der Montage des Schalters, aber vor dem Aufsetzen der Schutzkappe durch eine Füllöffnung eingegossen.

Die bei der Betätigung des Schalters erwärmte Innenluft verdrängt bei der Expansion etwas Öl aus der inneren Glocke. Eine größere Pressung, welche die Luft an der Welleneinführung nach außen drängt, tritt nicht ein. Dasselbe Abschlußprinzip wird bei dem durch die Firma G. Schanzenbach & Co., München, vertriebenen kleinen Schalter[39]) (Fig. 53a—c, D. R. M. Nr. 189 788) zum

---

[39]) Elektrotechnischer Anzeiger. 1903. S. 1717 ff.

Abschluß der Kontakte und der an sie angeschlossenen Drahtenden benutzt. Zwei Porzellanglocken A und B sind so ineinander gesteckt, daß der untere Rand der oberen in die mit Öl gefüllte ringförmige Höhlung M der unteren taucht. Der zentrale Porzellanzylinder A nimmt den Metallstab N auf, welcher den Schalterknebel K mit dem aus Isoliermaterial bestehenden Ansatzstück D (Fig. 53 a) verbindet. D übergreift mit seinem unteren glockenförmigen Teil den mittleren Zylinder und dichtet dadurch die Einführung des Stabes N ab. Die Zuleitungsdrähte werden um den unteren Rand von B durch die abschließende Flüssigkeit geführt. Die beiden Glocken sind durch Verschraubung oder Bajonettverschluß miteinander verbunden. Der Apparat eignet sich auch für die Aufnahme von Sicherungen.

Fig. 54.
Fig. 55.

Ölschalter der Siemens-Schuckertwerke für Spannungen bis zu 3000 V.

Die zweite Art des Ölabschlusses wird für die Abdichtung von Schaltern, Widerständen und Sicherungen verwandt.

Bei den in den Fig. 54—55 dargestellten, bereits früher erwähnten Hochspannungsschaltern der Siemens-Schuckertwerke liegen die Kontakte direkt in Öl, welches bei der Type in Fig. 54 durch einzelne Glaszylinder aufgenommen wird. Bei dieser Ausführung besteht das kastenartige Gehäuse aus zwei Teilen; eine luftdichte Verbindung der beiden wird dadurch erzielt, daß der obere Rand des unteren Kastens zu einer mit Öl oder konsistentem Fett gefüllten Rinne ausgebildet ist, in welche der Unterrand des oberen Gehäuseteils taucht. Ein Verschlußhaken hält das leicht abnehmbare Untergehäuse in der dargestellten Lage.

Von dieser Ausführung unterscheidet sich der in Fig. 55 abgebildete Apparat dadurch, daß die Kontakte an einem drehbaren Klappdeckel sitzen und direkt in das Öl eintauchen.

Die Gefahr eines Stromübergangs innerhalb des Öles, das nach längerem Gebrauch durch die Funkenbildung an den Kontakten karbonisiert wird und dann in der Isolierfähigkeit zurückgeht, wird mit Sicherheit verhindert, wenn man für die einzelnen Phasen voneinander isolierte Schaltkästen aufstellt (Fig. 56).

Fig. 56.
Ölschalter der Siemens Schuckertwerke mit getrennten Schaltkästen.

Die Ölschalter werden auch für unzugängliche Verlagerung in der Höhe ausgeführt. Der Antrieb erfolgt von der Schalttafel aus durch ein Hebel- oder Seilgetriebe (Fig. 57 u. 58).

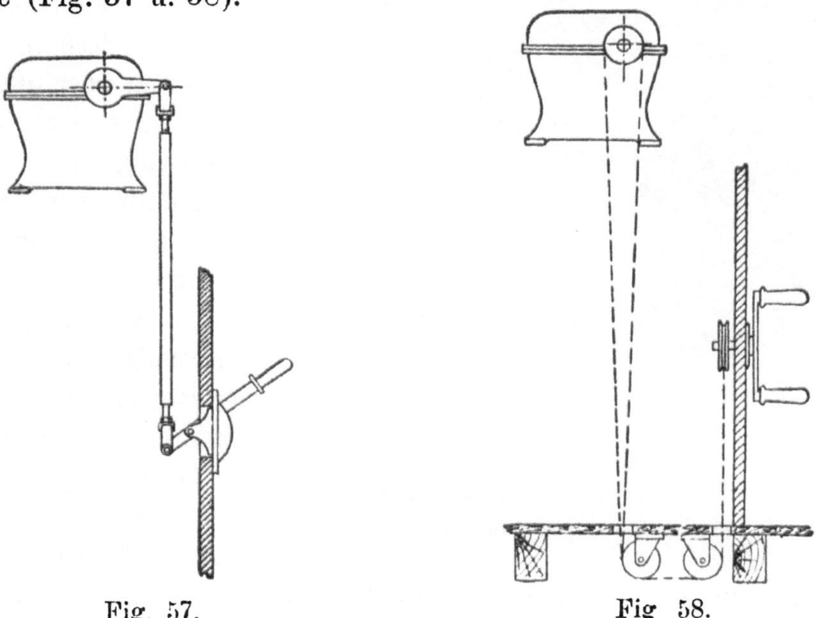

Fig. 57.   Fig 58.
Ölschalter für unzugängliche Verlagerung mit Hebel- oder Seilantrieb.
Ausgeführt von den Siemens-Schuckertwerken.

Auch werden sie mit einer magnetischen Auslösung versehen, welche den Strom an der Maximal- oder Minimalgrenze selbsttätig unterbricht (Fig. 59).

Der Automat ist in einem luftdicht verschlossenen Schutzgehäuse untergebracht, welches auf dem Schalterkasten montiert ist.

Für die Füllung der Kästen darf nur ein schwersiedendes Mineralöl, wie reines Paraffinöl, benutzt werden. Tritt eine Vergasung des Öles ein, so wird diese Abschlußart zu einer Gefahrenquelle. Als Beispiel dafür sei eine jüngst auf der Schalker Versuchsstrecke erfolgte Explosion der auf Seite 61 erwähnten, mit Öl ausgegossenen Schleifringumkapselung angeführt, welche durch die Entzündung des Öldampfes verursacht wurde.

Bezüglich der Steckkontakte und ähnlicher Vorrichtungen verfügen die Sicherheitsvorschriften, wie folgt:

§ 12. a) „Kontaktvorrichtungen zum Anschluß beweglicher Leitungen müssen so konstruiert sein, daß sie nicht in Kontakte für höhere Stromstärken passen.

Die normale Betriebsstromstärke und -spannung sind auf dem festen und dem beweglichen Teil zu vermerken“.

b) „Kontaktvorrichtungen zum Anschluß beweglicher Leitungen müssen allpolig gesichert sein.“

Bei Spannungen unter 500 V lassen sich die Sicherungen ohne Schwierigkeiten in dem Steckergehäuse unterbringen. Bei höherer Stromintensität könnte das häufig explosionsartige Abbrennen der Schmelzstreifen durch die Zertrümmerung des Gehäuses usw. allerlei Fährnisse herbeiführen; deshalb wird für Spannung über 500 V von den Sicherheitsvorschriften eine Anordnung der Sicherungen außerhalb der Kontaktvorrichtungen verlangt.

Steckkontakte zum Anschluß beweglicher Leitungen sind nach § 33 d der Sicherheitsvorschriften mittels besonderer Ausschalter abschaltbar zu machen; sie dürfen nur bis zu Spannungen von 1500 V angewandt werden (§ 12 e).

Fig. 59.
Ölschalter mit automatischer Betätigung.
Ausgeführt von den Siemens-Schuckertwerken.

Bei Hochspannung müssen sie innerhalb widerstandsfähiger, nicht stromführender Hüllen liegen und so angeordnet sein, daß zufällige Berührung stromführender Teile verhindert wird (§ 12 e). Zur Isolierung darf in Steckern, welche für trockene Räume bestimmt sind, bis zu 500 V Hartgummi gebraucht werden. Als Material für die Gehäuse von Steckkontakten, welche an feuchten Orten und besonders im unterirdischen Betrieb montiert werden, sollte nur

Porzellan zugelassen werden, das bei der Konstruktion in Fig. 60 als Träger der Kontakte dient.

Wird ein Stecker mit geschlossener Anschlußleitung in die unter Strom stehenden festen Kontakte eingeführt, so erfolgt eine Funkenbildung, welche bei größerer Stromstärke oder Spannung Brände oder Explosionen verursachen könnte. Dieser Gefahr tritt der § 12e der Sicherheitsvorschriften durch folgende Bestimmung entgegen:

e) „Wenn die Kontaktvorrichtung nicht so beschaffen oder angebracht ist, daß sie entsprechend den Betriebsbedürfnissen ohne Funkengefahr bedient werden kann, so müssen bezüglich der in § 33 erwähnten Ausschalter Vorkehrungen getroffen sein, welche das Einstecken und Ausziehen des Steckers unmöglich machen, solange die Ausschalter geschlossen sind.“

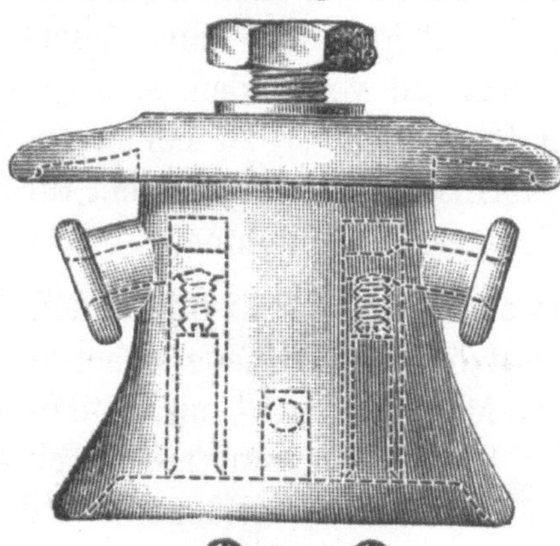

Für Steckkontakte in Schlagwettergruben schreibt der § 46 p eine Verriegelung vor, welche das Einstecken und Herausziehen verhindert, solange die Kontaktstelle unter Strom steht.

Die Anlaß- und Regulierwiderstände.

Die Anlaß- und Regulierwiderstände ermöglichen eine Regelung der Stromerzeugung in den Dynamos oder des Stromeintritts in die Motoren. Die Wirkung der Widerstände beruht dabei bekanntlich darauf, daß ein Teil der elektrischen Energie sich beim Durchgang durch Material von ungenügender Leitungsfähigkeit in Wärme umsetzt. Als Widerstandsmaterialien finden Verwendung:

1. Metalle von geringem Leitungsvermögen in Draht-, Band- und Stabform;
2. Kohlen- und Graphitstäbe.
3. Lösungen von Salzen (gewöhnlich Soda) in Wasser.

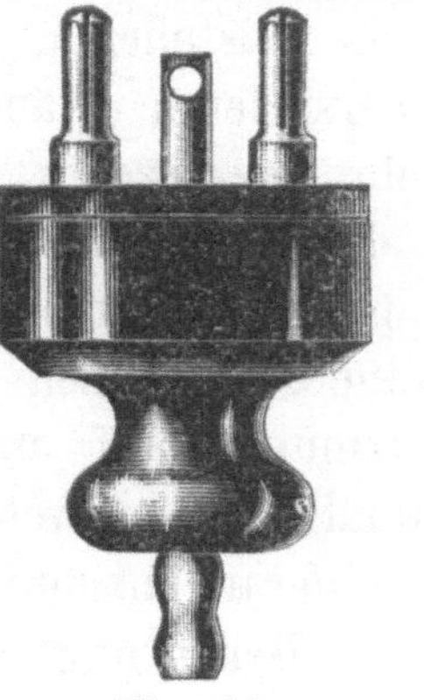

Fig. 60.
Steckkontakt mit Porzellangehäuse. Ausgeführt von der Firma J. Carl in Jena.

Zur Verbindung des Schalterhebels mit den verschiedenen Widerstandskörpern ist bei den Apparaten mit festem Widerstandsmaterial eine größere Anzahl blanker Kontakte (Fig. 61) erforderlich.

Bei den Flüssigkeitswiderständen (Fig. 63) wird eine allmähliche Abstufung des Stromes dadurch erzielt, daß ein System voneinander isolierter und mit den Polen verbundener Metallplatten verschieden tief in ein mit Salzlösung gefülltes Gefäß eingetaucht wird. Soll der Strom zur vollen Wirkung kommen, so wird der Widerstand kurzgeschlossen, d. h. es wird eine direkte Verbindung zwischen der Zu- und Ableitung hergestellt. Zu diesem Zwecke sind auch an den Kästen und Elektrodenwippen der Flüssigkeitswiderstände Kurzschluß-kontakte angebracht (Fig. 62).

Die freiliegenden Blankleiter der Kontakte und Widerstände können eine Berührungsgefahr und, da bei den Schaltungen Funken- und Lichtbögen entstehen, auch eine Explosions- und Brandgefahr herbeiführen.

Fig. 61.
Anlasser mit offenen Kontakten von Voigt u. Häffner, A-G., Frankfurt a. M.

In der Begegnung dieser Gefahren bestimmen die deutschen Sicherheitsvorschriften die für Widerstände und die ihnen nahe verwandten Heizapparate:

§ 13. a) „Die stromführenden Teile von Widerständen und Heizapparaten sind auf feuersicherer, gut isolierender Unterlage zu montieren und, soweit sie nicht für elektrische Betriebsräume bestimmt sind, mit einer Schutzhülle aus feuersicherem Material zu verkleiden.

b) „Widerstände sind so zu bemessen, daß sie im normalen Betriebe keine für den Betrieb oder die Umgebung bedenkliche Temperatur annehmen.“

§ 34. c) „Widerstände sind auf feuersicherem, gut isolierendem Material zu montieren und mit einer Schutzhülle aus feuersicherem Material zu umkleiden. Sie dürfen nur auf feuersicherer Unterlage, und zwar freistehend, oder an feuersicheren Wänden angebracht werden.“

d) „Fest montierte Heizapparate und solche Widerstände, bei denen eine Erwärmung auf mehr als Handwärme eintreten kann, sind derart anzuordnen, daß eine Berührung zwischen den Wärme entwickelnden Teilen und entzündlichen Materialien sowie eine feuergefährliche Erwärmung derartiger Materialien nicht stattfinden kann.“

Besteht die im § 13a geforderte Schutzhülle, wie gewöhnlich (Fig. 63 und 64), aus Eisen, so muß sie geerdet werden.

Fig. 62.
Flüssigkeitswiderstand für Gleichstromspannungen bis 500 V. Ausgeführt von den Siemens-Schuckertwerken.

Bei den mit Metallwiderständen arbeitenden Apparaten können Fährlichkeiten dadurch hervorgerufen werden, daß bei einer Überlastung die Widerstandskörper ins Glühen oder gar zum Durchschmelzen kommen. Bestehen die Widerstände aus Drahtspiralen, so ist auch die Möglichkeit vorhanden, daß sie durch die Erhitzung, durch Bruch oder äußere Ursachen, z. B. durch einen Stoß, miteinander in Berührung und dadurch zum Kurzschluß kommen.

Tatsächlich führte bei den Schalker Versuchen ein so entstandener Kurzschluß die Entzündung der Schlagwetter herbei, während die Kontaktfunken und die bis zur Weißglut erhitzten Widerstandsdrähte trotz einer dreiviertelstündigen Einwirkung des explosiven Gemisches nicht zündeten.

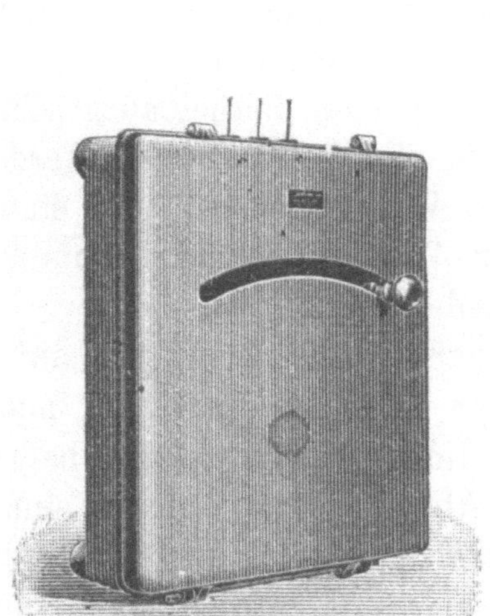

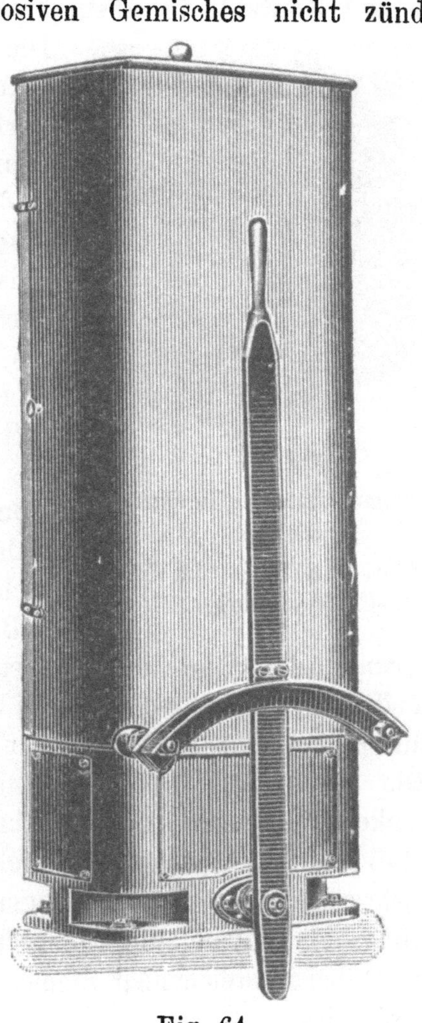

Fig 63.   Fig. 64.

Anlasser mit Blechschutzgehäusen.   Ausgeführt von den Siemens-Schuckertwerken.
Fig. 63 für kleinere, Fig. 64 für größere Motoren.

Dessenungeachtet ist sowohl der Funkenbildung an den Kontakten als auch den Glühwirkungen gegenüber Vorsicht geboten, da sie bei einer weniger guten Beschaffenheit des Materials Unheil verursachen könnten.

Die belgische Bergpolizeiverordnung bestimmt in Art. 19 bezüglich der Konstruktion der Widerstände folgendes:

„Die Widerstandsdrähte müssen einen genügenden Querschnitt haben, sodaß die durch den Stromdurchgang erzeugte Erwärmung keine Formveränderung hervorruft, die geeignet wäre, einen Kurzschluß zu erzeugen."

Für die Aufstellung in schlagwettergefährdeten Räumen wird von der belgischen und österreichischen Verordnung eine luftdichte Umkapselung der ganzen Widerstände, von den deutschen Sicherheitsvorschriften (§ 46 q) ein wettersicherer Abschluß lediglich der Kontaktapparate, welcher möglichst wenig Luft einschließen soll, verlangt.

Eine hermetische Umhüllung soll bei der in Fig. 65 wiedergegebenen Konstruktion eines „geschlossenen Anlassers" erreicht werden, bei dem Widerstände und Kontakte in einem kräftigen Gußeisengehäuse untergebracht sind.

Fig. 65.
Geschlossener Anlasser im Gußeisengehäuse.
Ausgeführt von Voigt und Häffner, A.-G., Frankfurt a. M.

Die größeren Anlasser[40]) in geschlossener Ausführung, welche von den Siemens-Schuckertwerken für Kraftleistungen bis zu 150 PS und Spannungen bis zu 500 V hergestellt werden, sind mit Widerstandskörpern aus paketartig geschichteten und untereinander durch Asbestzwischenlagen getrennten Wellblechstreifen ausgerüstet. Infolge ihrer großen Oberfläche können die Pakete große Wärmemengen aufnehmen und durch Strahlung an die Blechwände des luftdicht verschlossenen Gehäuses weitergeben.

Da bei den Anlassern dieser Type Wellen zum Einstellen der Kontakte in das Innere des Gehäuses geführt werden müssen, erscheint es nicht mit hinreichender Sicherheit ausgeschlossen, daß im Betriebe durch das Undichtwerden der Kontakt- oder Widerstandsgehäuse eindringt, bei dem steten Wechsel von Erwärmung und Abkühlung der Innenluft sich sehr häufig wiederholt.

Einführungsstelle Gas in das zumal da die Vakuumbildung

Die deutschen Sicherheitsvorschriften haben mit Rücksicht auf diese Möglichkeit die wettersichere Umkapselung der Kontakte, worunter auch der Abschluß mit Davynetz fällt, zugelassen und im Gegensatz zu den belgischen und österreichischen Bestimmungen davon Abstand genommen, eine Umkapselung der Widerstände vorzuschreiben, was auch nach den Schalker Versuchen[41]) bei ausreichender Bemessung der Widerstandskörper ganz und gar überflüssig ist.

Die größte Sicherheit gewährt auch bei den Anlassern der Ölabschluß von Kontakten und Widerständen, welcher dadurch hergestellt wird, daß die funkenbildenden und der Erhitzung ausgesetzten Teile in einem Ölbad verlagert werden.

Diese Abschlußmethode bietet neben einer Erhöhung der Isolation den Vorteil, daß die Wärme von den Kontakten und Widerständen durch das Öl besser an die kühlenden Gehäusewände übergeleitet wird wie durch die Luft bei hermetischer Umkapselung. Reicht die Wärmeableitung für die dauernde Tourenregulierung nicht aus, so kann sie ohne große Schwierigkeit

<hr>

[40]) Glückauf 1900, S. 700. [41]) Glückauf 1898, S. 43.

durch eine Wasserkühlung der Ölbehälter, welche sich unter Tage im Anschluß an Pumpen- oder Berieselungsleitungen häufig leicht ausführen lassen wird, so weit gehoben werden, daß diese vorzügliche Abschlußmethode auch bei Regulierwiderständen verwendbar wird.

Um das Austreten eines starken Feuers an den Kontaktstellen der Ölanlasser zu verhüten, werden sie von den Siemens-Schuckertwerken mit einer Vorrichtung zur stufenweisen Entziehung der Funken versehen. Die letzteren treten nur an einer besonderen, leicht zu überwachenden Unterbrechungsstelle und innerhalb eines magnetischen Feldes auf, welches bekanntlich ihrer Entwicklung entgegenwirkt.

Die innerhalb der Ölkästen liegenden Isolierungen müssen in feuersicherem Material ausgeführt werden. Für die Unzulässigkeit von Holz und anderen brandgefährlichen Isoliermitteln legt der Kurzschluß in einem Ölanlasser Zeugnis ab, welcher unlängst bei dem Hochspannungsmotor einer Ventilatoranlage im Ruhrbezirk eintrat. Die Anlasserkontakte waren auf einer gewöhnlich im Ölbade liegenden Holzleiste montiert. Im Betriebe war der Ölspiegel vorübergehend soweit gesunken, daß die Holzleiste freilag. Dabei ging die Isolierfähigkeit des Holzes zurück, der Strom trat innerhalb der Leiste von einem Kontakte auf den anderen über und verkohlte dabei das Holz, wobei zwei Phasen kurz geschlossen wurden.

Ein Brandunfall, welcher im Juli vorigen Jahres die Motoranlage in der Modellwerkstätte der Friedrich-Wilhelms-Hütte zu Mülheim a. d. Ruhr zerstörte, zeigt, wie gefährlich es ist, mit Öl gefüllte Apparate auf hölzernen Unterlagen oder in der Nähe brennbarer Stoffe aufzustellen. Der Fall lag folgendermaßen: Die Kurbel des Ölanlassers war bei einer Stillsetzung der Primärmaschine wahrscheinlich auf dem letzten Kontakte stehen geblieben. Der Strom, welcher bei der Wiederaufnahme des Betriebes den Anlasser passieren konnte, genügte nicht, um den Motor anlaufen zu lassen, erhitzte aber die Widerstände so stark, daß das Öl überkochte und auf die hölzerne Unterlage des Apparates ablief. Darauf entzündete sich die Isolation des oberen, nicht mehr vom Öl bedeckten Teiles der Widerstände an dem erglühten Metall. Das Feuer teilte sich dem überkochenden Öl, dem Konsolbrette und der mit Schellack getränkten Motorbewicklung mit.

Bei einem Transformatorenbrand in einer amerikanischen Zentrale[42]) spielte ein hölzernes Podium eine ähnliche verhängnisvolle Rolle. Nach der Zerstörung des Tragegerüstes stürzten die Transformatoren um, wobei das ausfließende Öl dem Feuer reichliche Nahrung gab.

Die Verwendung der Flüssigkeitsanlasser, besonders in Anlagen unter Tage, bietet mancherlei Bedenken. Mit der Möglichkeit eines Stromaustrittes durch verspritzte oder übergelaufene Lauge wird immer gerechnet werden müssen, dazu kommt die Gefahr, daß während des Ein- und Ausschaltens an den Tauchplatten Knallgas gebildet wird, das sich meistens

---

[42]) Ztschr. für Elektrotechnik. 1903. S. 71.

sofort entzündet. Diese kleinen Explosionen machen die Aufstellung der Apparate an explosionsgefährlichen Orten unmöglich, zumal da eine schlagwettersichere Umkapselung des Flüssigkeitswiderstandes auf große Schwierigkeiten in der Ausführung stößt. Diese Apparate sollten deshalb nur dort gebraucht werden, wo ihnen mit Sicherheit eine aufmerksame Bedienung zuteil wird.

Fig. 66.
Bergwerksschalter mit Meß-
instrument in wasserdichtem
Gußeisengehäuse. Ausgeführt
von Voigt und Häffner, A.-G.,
Frankfurt a. M.

Die Meßinstrumente.

Meßinstrumente bieten im Betriebe kaum Gefahren, wenn sie den schon aufgeführten Vorschriften entsprechen (s. S. 32). Stromführende Blankleiter lassen sich bei ihnen vollkommen vermeiden, Funkenbildungen treten nicht auf.

Gegen Staub und Feuchtigkeit, sowie mechanische Einwirkungen kann leicht ein Schutz durch die Anordnung der Instrumente in kräftigen Gußeisengehäusen geschaffen werden, deren Beobachtungsfenster mit dickem Glas abgedeckt werden (Fig. 66).

Für die Meßinstrumente gibt der § 34. a. S. 2 der deutschen Vorschriften folgende Bestimmungen:

„Meßapparate, deren Gehäuse nicht an sich gegen die Betriebsspannung sicher isolieren, müssen geerdete Gehäuse haben oder von Schutzkästen umgeben oder hinter Glasplatten verlegt sein, sodaß auch ihre Gehäuse gegen Berührung geschützt sind.. Auch die an Meßtransformatoren angeschlossenen Meßgeräte unterliegen dieser Vorschrift, wenn nicht die Meßtransformatoren selbst eine Isolationsprüfung zwischen Hoch- und Niederspannungswicklung, entsprechend den Bedingungen in § 3, bestanden haben.“

Die Bestimmungen dieses Paragraphen über die Isolationsprüfung sind oben erwähnt (s. S. 21).

Die Sicherungen.

Für alle Leitungen, welche von der Schalttafel nach den Verbrauchsstellen führen, mit Ausnahme der betriebsmäßig geerdeten und der Nulleiter, schreibt der 2. Absatz des § 32 a die bereits beschriebenen selbsttätigen Stromunterbrecher oder Schmelzsicherungen vor, welche ein übermäßiges Anwachsen der Stromstärke verhindern sollen.

Bei den Schmelzsicherungen besteht der streifen- oder -drahtförmige Körper, dessen Durchbrennen den Strom unterbricht, aus Blei oder Zinn (besonders für Niederspannung), aus Kupfer oder Silber (für Hochspannung).

Bei den neueren Konstruktionen von Sicherungen ist der Schmelzkörper in einfachen oder doppelten Rohren aus Porzellan, Glas oder Glimmer untergebracht. Aus ihren beiderseitigen Enden hervorstehende Metallansätze, welche

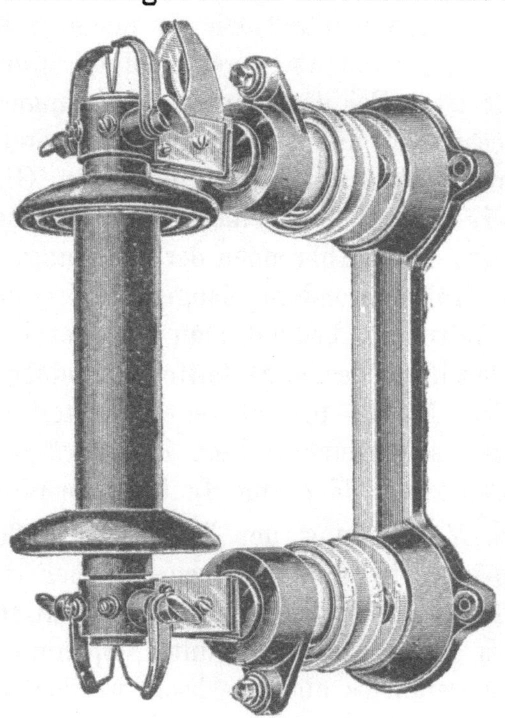

Fig. 67.
Schmelzsicherung von Voigt und Häffner, Frankfurt a. M.

mit dem Schmelzstreifen verbunden sind, gestatten ein leichtes Ein- und Auslegen der „Sicherungspatrone" in die schwalbenschwanzförmigen Kontakte des feststehenden Sicherungshalters (Fig. 67). Ein Abrutschen der Hand gegen die strom-

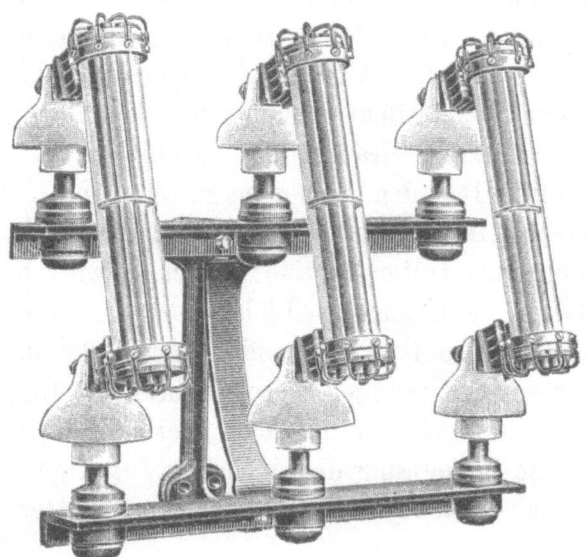

Fig. 68.
Dreipolige Röhrensicherung der Siemens-Schuckertwerke.

führenden Kontakte verhindert bei dieser Ausführung die Bauart des oben und unten mit Wulsten versehenen Schutzrohres aus Isoliermaterial (Hartgummi usw.), welches das innere Sicherungsrohr umgibt. Eine weitere Verringerung der Bedienungsgefahr wird bei der Sicherung von Voigt und Häffner dadurch erreicht, daß die Schmelzpatrone erst aus dem Halter genommen werden kann, nachdem sie in dem unteren Kontakt wie in einem Scharnier gedreht wird.

Dieser Vorgang kann aber erst erfolgen, wenn der obere Kontakt ausgeklinkt ist. Bei den Siemens-Sicherungen (Fig. 68) liegen die Schmelzeinsätze in dünnen, zu Bündeln vereinigten und in einem gemeinsamen Schutzrohr untergebrachten Glasröhren. Eine Umhüllung des Glases mit einem Preßspahnrohre verhindert eine Zersplitterung beim Abbrennen der Sicherung. Ein- und Auswecheln erfolgt mit Hülfe besonderer Zangen aus Isoliermaterial. Bei hochliegenden Leitungen bedient man sich des in Fig. 69 dargestellten Sicherungsgreifers, dessen Metallteile an einer langen Bambusstange sitzen. Das Metall des oberen Schaftteiles, gegen welches der Greifapparat seinerseits isoliert ist, wird beim Gebrauche durch eine angeschlossene biegsame Leitung geerdet.

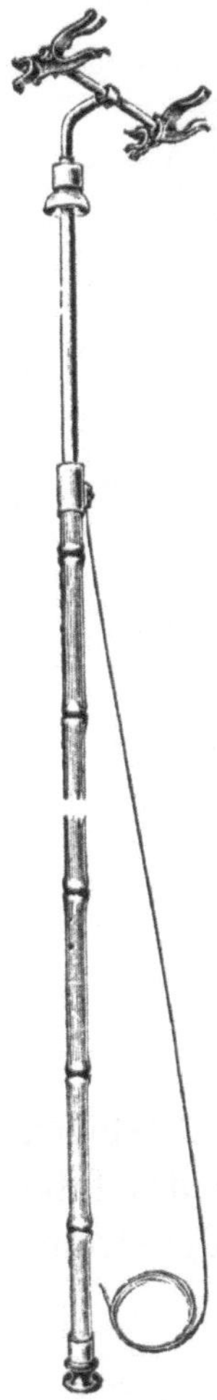

Durch Verwendung der Zangen wird dem § 14 d der Hochspannungsvorschriften entsprochen, welcher für die nicht ausschaltbaren Sicherungen eine derartige Konstruktion und die Anordnung vorschreibt, „daß sie auch unter Spannung mittels geeigneter Werkzeuge gefahrlos ausgewechselt werden können." Bringt man die Sicherungen in den oben beschriebenen Sicherheitsschaltkästen unter, so ist eine Bedienung gefahrlos, da sie erst nach Abschaltung des Stromes erfolgen kann.

Die offenen Sicherungen sind äußerst brand- und explosionsgefährlich. Bei den Schalker Versuchen von 1897 hat der beim Durchbrennen des Schmelzstreifens entstehende Öffnungsfunke und Lichtbogen in allen Fällen zu einer Entzündung der Schlagwettergemische geführt. Allerdings wurden dort nur Sicherungen mit Blei- oder Zinnstreifen versucht, bei denen das Abbrennen mit einer solchen Erhitzung des Metalls verbunden ist, daß es größtenteils verdampft. Bei den Sicherungen neuerer Konstruktion geht die Schmelzung innerhalb der umgebenden Röhren vor sich. Die Verbrennungsgase treten mit so großer Gewalt aus den Röhrenenden aus, daß die entstandenen Lichtbögen verlöschen. Die Tropfen und Dämpfe des schmelzenden und verbrennenden Metalls könnten einen Kurzschluß zwischen benachbarten Sicherungen, stromführenden Blankleitern oder einen Erdschluß zwischen einem solchen und den geerdeten Teilen der Gehäuse usw. herbeiführen. Auf die Begegnung dieser Gefahr durch geeignete Verlegung der Apparate macht der § 32 e der deutschen Vorschriften für Hochspannung aufmerksam.

Für Schlagwettergruben ist in § 46 o, Abs. 2, folgende Vorschrift gegeben:

„Die Einkapselung der Sicherungen muß so erfolgen, daß durch das Abschmelzen einer Sicherung keine andere gefährdet und das Herausschlagen eines Flammenbogens mit Sicherheit verhindert wird."

Fig. 69.
Sicherungsgreifer für hochliegende Leitungen. Siemens-Schuckert-Werke.

Um die Sicherungen gegen Feuchtigkeit und Staub, gegen unbeabsichtigte Berührung und gegen mechanische Beschädigungen zu schützen, baut man sie für die Verwendung unter Tage in gußeiserne Gehäuse ein, welche durch massive Türen geschlossen werden (Fig. 70). Der untere Teil des Gehäuses ist zu einem Kabelanschluß ausgebildet, in welchen die Leitung wasser- und luftdicht eingeführt wird.

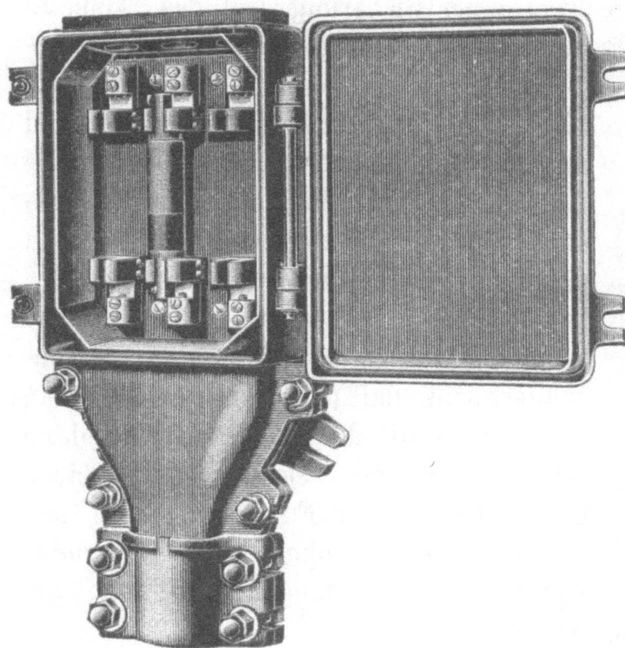

Fig. 70.
Gußeisengehäuse für eine dreipolige Sicherung von Voigt und Häffner, A.-G., Frankfurt a. M.

Da im Betriebe bewegte Teile an Sicherungen nicht vorhanden sind und daher eine wirkliche hermetische Abdichtung des Gehäuses möglich ist, werden sich aller Wahrscheinlichkeit nach die von verschiedenen Firmen hergestellten luftdicht verschlossenen Sicherungen in Schlagwettergemischen bewähren.

Die Siemens-Schuckertwerke führen diese Sicherungen[43] in zwei Typen für Spannungen bis zu 500 V und Stromstärken bis 100 A bezw. bis zu 3000 V und 50 A aus. Die Schmelzeinsätze sind in ein Porzellanrohr verlegt, das im Falle des Zerspringens durch eine äußere Preßspahnhülse zusammengehalten wird. Der Innenraum des Hohlkörpers ist mit einer Substanz gefüllt, welche das bei dem Durchbrennen der Sicherung verdampfte Zinn des Schmelzstreifens absorbiert.

Diese Typen dürfen nur senkrecht montiert werden.

Beim Öffnen des Gehäuses zum Zwecke des Sicherungswechsels könnten Schlagwetter in das Innere dringen und beim Abbrennen der Sicherung eine Explosion verursachen. Dieser Gefahr ist dadurch vorzubeugen, daß man das Gehäuse nur dann öffnet und schließt, nachdem man sich überzeugt hat, daß die Atmosphäre vollkommen schlagwetterfrei ist.

Nicht erforderlich ist diese Vorsichtsmaßregel bei den Ölsicherungen (Fig. 71), deren Schmelzorgane innerhalb eines geschlossenen mit Öl gefüllten Kastens angeordnet sind. Diese Apparate bieten in sicherheitlicher Hinsicht dieselben Vorteile wie die oben besprochenen Ölschalter. Als Material für die Schmelzstreifen verwenden Voigt und Häffner eine Metalllegierung, deren Schmelzpunkt unter dem Siedepunkt des Öles liegt. Silber ist nicht zulässig, weil, ehe es zum Schmelzen kommt, eine gefahrdrohende Verdampfung des Öles eintritt. Das Einsetzen neuer Patronen kann nur erfolgen, wenn die Kontakte stromlos sind.

---

43) Glückauf 1898, S. 700.

Die deutschen Vorschriften geben in § 14 die Bestimmungen über die Beschaffenheit der Sicherungen:

§ 14. a) „Die Abschmelzstromstärke einer Sicherung soll das Doppelte ihrer Normalstromstärke sein. Sicherungen bis einschließlich 50 **A** Normalstromstärke müssen mindestens die $1\frac{1}{4}$ fache Normalstromstärke dauernd ertragen können; vom kalten Zustande aus plötzlich mit der doppelten Normalstromstärke belastet, müssen sie in längstens zwei Minuten abschmelzen.“

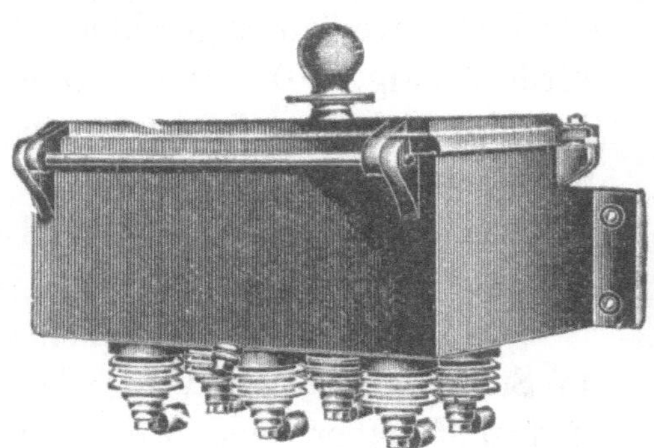

Fig. 71.

Ölsicherung von Voigt u. Häffner, A.-G., Frankfurt a. M., für Spannungen bis zu 3000 V bei größeren und 6000 V bei kleineren Stromstärken.

b) „Die Sicherungen (bei Niederspannung bis zu 30 **A**) müssen so konstruiert sein, daß jede einzelne bei einem Kurzschluß mit der um 10 pCt. erhöhten Betriebsspannung sicher funktioniert. Zur Sicherheit der Funktion gehört, daß sie abschmelzen, ohne einen dauernden Lichtbogen zu erzeugen und ohne gefährliche Explosionserscheinungen hervorzurufen.“

c) „Bei Sicherungen dürfen weiche, plastische Metalle und Legierungen nicht unmittelbar den Kontakt vermitteln, sondern die Schmelzdrähte oder Schmelzstreifen müssen in Kontaktstücke aus Kupfer oder gleich geeignetem Metall eingelötet sein.“

Gefährliche Überlastungen der Leitungen werden häufig dadurch hervorgerufen, daß in die Sicherungsträger versehentlich oder aber auch absichtlich stärkere Schmelzeinsätze als zulässig eingesetzt werden[44]). Eine irrtümliche Verwechselung der Sicherungen muß besonders bei Niederspannungsleitungen von Beleuchtungsanlagen der Unerfahrenheit des bedienenden Personals zugute gehalten werden.

Um derartige Versehen zu verhindern, bestimmt der § 14 d für Niederspannungssicherungen folgendes:

„Sicherungen von 6 bis 20 A müssen in dem Sinne unverwechselbar sein, daß die fahrlässige oder irrtümliche Verwendung von Einsätzen für zu hohe Stromstärken ausgeschlossen ist.“

Für Hochspannungen hat man diese Bestimmung nicht für erforderlich gehalten, da die Sicherungen dort im allgemeinen von einem fachkundigeren Personal bedient werden. Für beide Spannungsarten gilt der § 14 e:

„Die Normalstromstärke und die Maximalspannung sind auf dem Schmelzeinsatz der Sicherung zu verzeichnen.“ Eine Vorschrift, welche für die Kontrolle der Sicherungen unbedingt erforderlich ist.

Dem versehentlichen Einwechseln wird außerdem am besten dadurch vorgebeugt, daß man die von den Siemens-Schuckertwerken, der Allgemeinen

---

[44]) Glückauf 1903, S. 658.

Elektrizitätsgesellschaft und anderen Firmen hergestellten Spezialkonstruktionen von Sicherungen verwendet, bei welchen der Sicherungsträger nur die Sicherung der für ihn passenden Bemessung und Form aufnehmen kann.

Um Gefahren beim Austausch ausgebrannter Sicherungen zu begegnen, bestimmt der § 3 i der Betriebsvorschriften, daß er mit Vorsicht zu erfolgen hat und nur durch instruiertes Personal vorgenommen werden darf.

Die Fälle[45]), in welchen selbst fachkundiges Bedienungspersonal Sicherungen von größerer Stärke in die Leitungen einsetzt, als diese vertragen können, sind in der Praxis nicht selten. Es geschieht das meistens bei Patronen, welche infolge von Fehlern der Anlage oft erneuert werden müssen und deshalb dem Wärter lästig werden. Statt den störenden Fehler aufzusuchen, zieht es unzuverlässiges Personal dann oft vor, den ganzen Leitungsstrang, der an der Sicherung hängt, zu gefährden. Einer derartigen Pflichtvergessenheit sollte seitens der überwachenden Beamten stets mit der größten Strenge entgegengetreten werden.

Der § 32 der deutschen Vorschriften gibt in den Absätzen a—f die Bestimmungen für die Anbringung der Sicherungen.

Nach a müssen alle Leitungen, welche von der Schalttafel nach den Verbrauchsstellen führen, ausgenommen die betriebsmäßig geerdeten usw., für welche Sicherungen verboten sind, durch Schmelzstreifen oder selbsttätige Stromunterbrecher geschützt sein.

Abgesehen von den weiter unten angeführten Fällen e und f für Nieder- und für Hochspannung sind „Sicherungen an allen Stellen anzubringen, wo sich der Querschnitt der Leitungen in der Richtung nach der Verbrauchsstelle hin vermindert.“

„Außerdem sind lösbare Kontakte“ (Steckkontakte usw.) „am festen Teil allpolig zu sichern“ (§ 32 b).

Bei Verjüngungsstellen und Abzweigungen von Niederspannungsleitungen läßt der Absatz c einen geringeren Querschnitt für die Verbindung zwischen Sicherung und Hauptleitung zu, wenn die einfache Leitungslänge des Anschlußstückes nicht mehr als 1 m beträgt. Die Verbindungsleitung darf nicht aus Mehrfachleitungen bestehen und muß zur Verhinderung einer Brandgefahr im Falle des Erglühens von entzündlichen Gegenständen feuersicher getrennt sein. Bei Längen über 1 m muß das Anschlußstück den Querschnitt der Hauptleitung haben.

Bei Hochspannungsanlagen „muß die Sicherung unmittelbar an der Verjüngungsstelle liegen.“ Für die Abzweigleitung ist in allen Fällen der Querschnitt der Hauptleitung vorgeschrieben.

Bei betriebsmäßig geerdeten und als solche gekennzeichneten Leitungen, sowie bei den neutralen oder Nulleitungen der Mehrleiter- und Mehrphasensysteme würde die Einschaltung von Sicherungen die Gefahr schaffen, daß die sichernde Wirkung der Erdung beim Durchfließen eines anormal hohen Stromes

---

[45]) Dr. C. L. Weber „Erläuterungen zu den Sicherheitsvorschriften usw.“ S. 65.

ganz oder teilweise aufgehoben werden könnte. Sie ist deshalb durch § 32 a verboten.

In den Absätzen e und f der Niederspannungsvorschriften läßt der § 32 die Ausnahmen zu, in welchen nicht in jeder Leitung eine Sicherung sitzen muß.

Es sind das folgende: Bei höchstens 6 A Normalstromstärke können mehrere Verteilungsleitungen durch eine gemeinsame Sicherung geschützt werden. Bei Querschnittsverminderungen oder Abzweigungen dürfen die Schmelzstreifen fehlen. Für größere Beleuchtungskörper und Spannungen unter 130 V sind ausnahmsweise gemeinsame, für höchstens die doppelte Stromstärke bemessene Sicherungen zulässig.

Für Nieder- und Hochspannung gilt der Absatz f:

„Bei Querschnittsverkleinerungen sind in den Fällen, wo die vorhergehende Sicherung den schwächeren Querschnitt schützt, weitere Sicherungen nicht mehr erforderlich.“

Die Bedienung und Kontrolle der Niederspannungssicherungen wird durch die in Abs. g vorgeschriebene möglichste Zentralisation und die Anordnung „in handlicher Höhe“ erleichtert. Für Hochspannungsanlagen trifft diese Bestimmung nicht zu.

Die Leitungen.

Die oft sehr ausgedehnten Leitungen, die in größeren Bergwerksbetrieben die Zechenplätze netzartig überspannen, zu entfernten Kraftanlagen führen und fast in keinem Betriebsraum mehr fehlen, Schächte und Strecken durchziehen und in feiner Verästelung bis zu den Gewinnungsstätten vordringen, sind viel schwerer in Stand zu halten und zu beaufsichtigen als die Maschinen und Apparate der Primär- und Sekundärstationen.

Deshalb ist die Leitung auch bisher eine Hauptquelle besonders der Berührungs- und Brandgefahr gewesen.

Von den 10 Berührungsunfällen (s. S. 8) wurden:

5 durch Berührung blanker oberirdischer Leitungen,

1 durch Berührung einer blanken unterirdischen Leitung (Lokomotivleitung) und

4 durch Schadhaftwerden der Isolation von Leitungen verursacht.

Weit größer ist das Schuldkonto der Leitung hinsichtlich der Brandgefahr.

Die Mehrzahl der von dem Verband deutscher Feuerversicherungsanstalten hinreichend aufgeklärten Brandunfälle, nämlich 137 von 189, sind auf fehlerhafte Installation der Leitungen oder Mängel zurückzuführen, welche sich an ihnen erst nach und nach durch äußere Einflüsse, durch den Betrieb, durch die Örtlichkeit usw. herausgebildet haben. Die Fehler ersterer Art, welche namentlich bei älteren, den neueren Vorschriften noch nicht entsprechenden Anlagen auftraten, verursachten während des Quinqueniums 1898—1902 einschl. in 19, die der letzteren Art in 98 Fällen Brände.

5 Brände traten bei in Holzleisten verlegten Leitungen dadurch ein, daß Feuchtigkeit in das Holz und von da in die Isolierung der Leitung eindrang. Die Isolation versagte, und es entstand Kurzschluß. Die neuen Vorschriften (§ 15, S. 1) haben hier Wandel geschaffen, indem sie Holzleisten verbieten.

Eine ähnliche Ursache lag bei drei weiteren Bränden vor, wo Kurzschluß durch das Schadhaftwerden der Isolation unter der Dielung, den Tapeten usw. verlegter Leitungen verursacht wurde. Ein Brandunfall war auf die vorschriftswidrige Mauerdurchführung einer Leitung zurückzuführen, wo sich die Feuchtigkeit des Mauerwerks der Isolation mitgeteilt hatte.

Beweise für besonders leichtfertige Installationen liefern zwei weitere Brände, wo man Leitungsdrähte mit dünnem, blankem Draht aneinander oder an leitende Gegenstände angebunden hatte.

Von den Mängeln, die sich erst durch äußere Einflüsse (Sturm, Drahtbrüche usw.) während des Betriebes der Leitung nach und nach eingestellt hatten, führte in 63 Fällen ein schadhafter Zustand der Leitung bezw. ihrer Isolation als Folge der Feuchtigkeit oder mechanischer Einwirkungen, in 14 eine Überlastung der Leiter und in 21 eine Berührung derselben mit anderen Gegenständen zu Bränden.

Die deutschen Sicherheitsvorschriften geben für den sicherheitsgemäßen Bau der Leitungen eine große Anzahl von Bestimmungen.

Die an das **Leitungsmaterial** zu stellenden Anforderungen behandeln folgende Paragraphen:

Bezüglich der Beschaffenheit und der Belastung des Leitungskupfers, für dessen Zusammensetzung besondere Kupfernormalien des Anhanges maßgebend sind, bestimmt der § 5 wie folgt:

a) „Das Leitungskupfer muß den Normalien des Verbandes Deutscher Elektrotechniker entsprechen. Ausnahmen hiervon sind bei Drähten zulässig, die für Freileitungen bestimmt sind."

b) „Isolierte Kupferleitungen und nicht unterirdisch verlegte Kabel dürfen höchstens mit den in nachstehender Tabelle verzeichneten Stromstärken dauernd belastet werden.

Querschnitt in Quadratmillimetern	Betriebsstromstärke in Ampère	Querschnitt in Quadratmillimetern	Betriebsstromstärke in Ampère
0,75	4	95	165
1	6	120	200
1,5	10	150	235
2,5	15	185	275
4	20	240	330
6	30	310	400
10	40	400	500
16	60	500	600
25	80	625	700
35	90	800	850
50	100	1000	1000
70	130		

Blanke Kupferleitungen bis zu 50 qmm unterliegen gleichfalls den Vorschriften der vorstehenden Tabelle, blanke Kupferleitungen über 50 und unter 1000 qmm Querschnitt können mit 2 Ampère für das Quadratmillimeter belastet werden. Auf Freileitungen finden die vorstehenden Zahlenbestimmungen keine Anwendung.

Bei intermittierendem Betriebe ist eine Erhöhung der Belastung über die Tabellenwerte zulässig, sofern dadurch keine größere Erwärmung als bei der der Tabelle entsprechenden Dauerbelastung entsteht."

c) „Der geringste zulässige Querschnitt für isolierte Kupferleitungen ist 1 qmm, an und in Beleuchtungskörpern $^3/_4$ qmm. Der geringste zulässige Querschnitt von offen verlegten blanken Kupferleitungen in Gebäuden ist 4 qmm, bei Freileitungen für Niederspannung 6 qmm und bei solchen für Hochspannung 10 qmm."

d) „Bei Verwendung von Leitern aus anderen Metallen müssen die Querschnitte so gewählt werden, daß sowohl Festigkeit wie Erwärmung durch den Strom den im vorigen Absatz für Kupfer gegebenen Vorschriften entspricht."

<table>
<tr><td>Fig. 72.</td><td>Fig. 73.</td><td>Fig. 74.</td></tr>
<tr><td>Dreifacher</td><td>Vierfacher</td><td>Ölisolator</td></tr>
</table>

Glockenisolator für Hochspannung.

Die belgische Bergpolizeiverordnung enthält besondere Vorschriften über die höchstzulässige Kupferbelastung, bei deren Abfassung die Kommission von dem Grundsatze ausging, die Leitung so zu bemessen, daß ein Strom von der doppelten Stärke des normalen die Leitung nicht über 40° C erhitze.

Der § 6 der deutschen Sicherheitsvorschriften zählt die Hauptarten des Leitungsmaterials auf (Drahtleitungen, Schnurleitungen und Kabel) und nimmt die Drahtmaterialen, welche bei Maschinen und Apparaten zur Verwendung kommen, eigens von den Vorschriften für Leitungen aus.

Zu den blanken Leitungen gehören nach § 7 blanker, verzinnter oder verbleiter Kupferdraht, verzinkter oder verzinnter Eisendraht, Aluminiumdraht, Draht von Siliciumbronze usw.

Die Leitungen werden auf Isolier-Glocken, -Rollen, -Ringen usw. verlegt, welche nach § 16a u. b aus Porzellan, Glas oder gleichwertigem Material bestehen und so geformt sein müssen, daß die an ihnen zu befestigenden

Leitungen in genügendem Abstand von den Befestigungsflächen gehalten werden können, um einen Stromübergang zu verhindern. Bei Hochspannung sind Ringe nur gestattet, „wenn sie durch Form und Größe eine sichere Isolation verbürgen". Übersteigt die Gebrauchsspannung 2000 V, so sind die Isolierkörper in der Fabrik mit mindestens der doppelten Spannung zu prüfen.

Ein Isolator ist gegen Oberflächenleitung um so gesicherter, je größer die Isolierfläche zwischen dem Leiter und dem mit der Erde in Verbindung

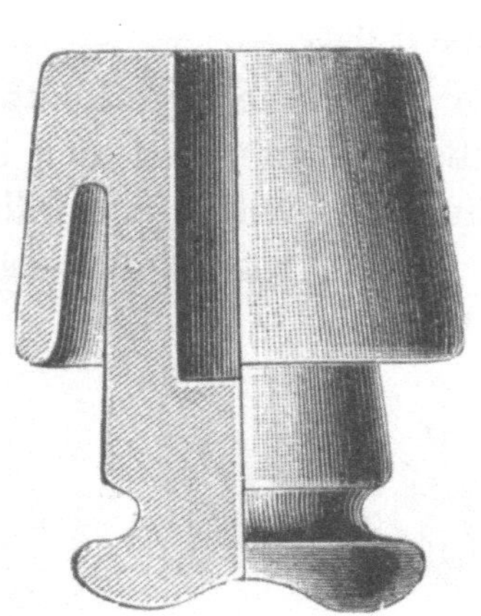
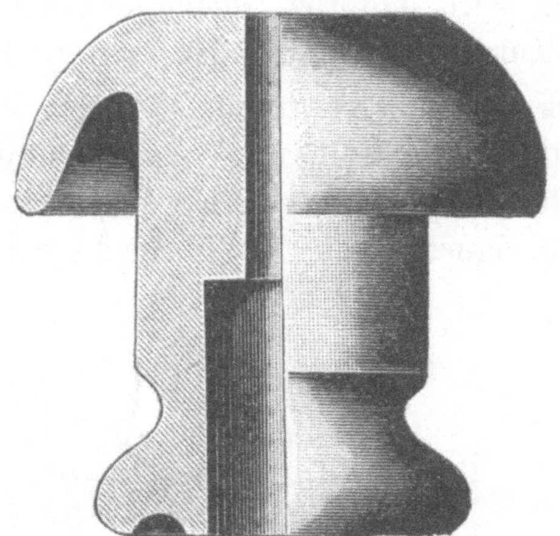

Fig. 75.   Fig. 76.

Bergwerksisolatoren der Firma Adolf Schuch in Worms.

stehenden Isolatorträger, Dübel usw., ist. Die Vergrößerung der isolierenden Fläche erzielt man gewöhnlich dadurch, daß man dem Isolator eine mehrfache Glockenform gibt (Fig. 72 u. 73), wobei die Glockenränder das Abtropfen der Feuchtigkeit erleichtern. Der dreifache Glockenisolator der Figur 72 genügt für Spannungen bis 10 000 V, während die amerikanische Type (Fig. 73) mit Abtropfschirm und drei Glocken gegen 60 000 V isolieren soll. Auf anderem Wege wird eine Unterbrechung der Oberflächenleitung bei dem Ölisolator (Fig. 74) erreicht. Bei ihm ist der Glockenrand auf der inneren Seite zu einer

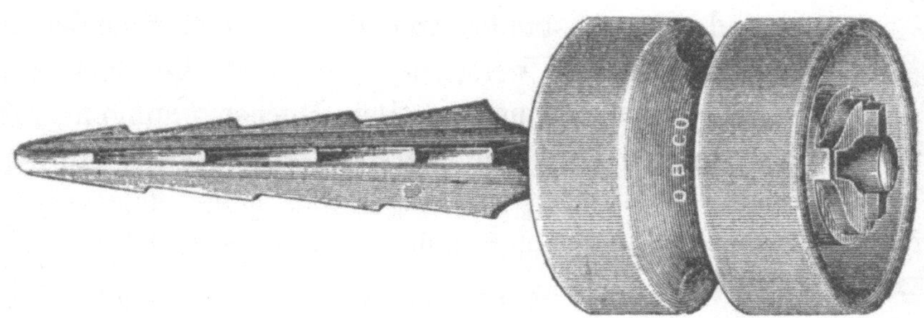

Fig. 77.

Bergwerksisolator der Ohio Brass Co., Mansfield, Ohio, Nordamerika.

Rinne umgebogen, welche die Ölfüllung aufnimmt. Wenn auch der isolierende Ölspiegel den Stromübergang in wirksamer Weise verhindert, so konnte sich diese Isolatorausführung nicht behaupten, weil sie schwer zu kontrollieren ist und bei einem Bruche der Ölrinne viel von ihrer Isolierkraft verliert.

Für die Verlegung von Leitungen niedriger Spannungen in feuchten Räumen, besonders unter Tage, empfehlen sich die Spezialkonstruktionen von Bergwerksisolatoren in Fig. 75 bis 76, bei welchen die Abtropfflächen sehr groß sind.

Die Porzellanglocke des in Fig. 77 dargestellten amerikanischen Modells eines Bergwerksisolators wird auf den im Gestein oder an der Zimmerung angebrachten Dübel aufgesteckt und auf ihm durch eine Metallplatte mit davor geschlagenem Splint befestigt. Die Montage und Demontage der Leitung wird dadurch bedeutend erleichtert, was für Strecken, in denen häufig Reparaturarbeiten stattfinden, von großer Wichtigkeit ist.

Erwähnenswert erscheint noch ein Ölisolator englischer Herkunft, der speziell für die Isolierung von Akkumulatorengefäßen bestimmt ist und seiner Geschlossenheit halber sich gerade für feuchte Räume und den unterirdischen Betrieb eignen dürfte. Wie die Figuren 78 u. 79 zeigen, besteht der Isolator

Fig. 78.   Fig. 79.

Ölisolator für Akkumulatorengefäße usw.

aus dem Sockel B und der Kapsel C, welche auf den einander zugewandten Seiten mit den konzentrischen Ölkanälen a und b versehen sind. Der überstehende Rand von C verhindert das Eindringen von leitender Flüssigkeit in den Ölraum.

Die zur Aufnahme von Leitungen dienenden Klemmen dürfen nach den deutschen Sicherheitsvorschriften (§ 17), soweit sie nicht für Bleikabel bestimmt sind, nur aus Isoliermaterial oder entsprechend hartem, isoliertem Metall bestehen. Bezüglich der Form und des Abstandes von den zu befestigenden Leitungen gilt dieselbe Vorschrift wie für die oben angeführten Isolierglocken usw. Bei Hochspannungen müssen die Klemmen entweder durch Glocken oder Rollen gestützt (Fig. 80) oder so ausgebildet sein, daß eine merkliche Oberflächenleitung nicht eintritt (§ 17 g).

„Als Freileitungen gelten“ nach § 3 d „alle oberirdischen Leitungen außerhalb von Gebäuden, die weder metallische Umhüllung noch Schutzverkleidung haben. Schutznetze, Schutzleisten und Schutzdrähte gelten nicht als Verkleidung“. Bei Spannungen über 500 V gegen Erde müssen die Schutzverkleidungen und Träger von Leitungen durch einen deutlich sichtbaren roten Zickzackpfeil (Blitzpfeil) gekennzeichnet sein (§ 23 der Hochspannungsvorschrift).

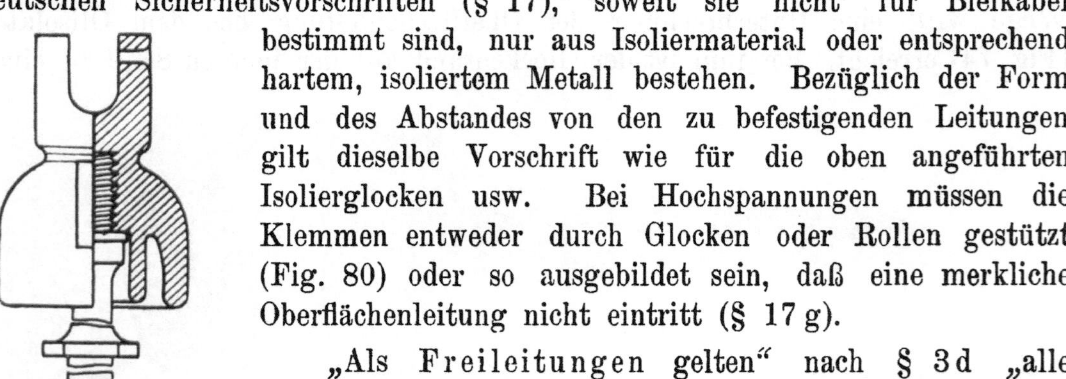

Fig. 80.
Klemmisolator für
Sammelschienen usw.

Bezüglich des Leitungsmaterials wird bestimmt: „Bei Freileitungen kann, wenn die Festigkeitsrücksichten es wünschenswert machen, Kupfer (Hartkupfer, Siliciumbronze, Kupferdraht mit Stahlseele) verwendet werden, welches den Normalien des Verbandes deutscher Elektrotechniker nicht entspricht." (§ 23 a für Niederspann. u. § 23 c für Hochspann.) Der geringste zulässige Metallquerschnitt von blanken oder isolierten Freileitungen aus Kupfer ist bei Niederspannung 6 qmm, bei Hochspannungsleitungen aus hartgezogenem Kupfer oder Material von mindestens gleich großer Zugfestigkeit 10 qmm. „Leitungen aus Material von geringerer Zugfestigkeit müssen einen entsprechend größeren Querschnitt haben."

Während die Niederspannungsvorschriften auch isolierte Freileitungen zulassen, ist für Hochspannung blankes Material vorgeschrieben, das nur in Räumen mit ätzenden Dünsten einen schützenden Anstrich tragen darf (§ 23 b).

Die Freileitungen können wegen ihrer besseren Kühlung auch mit stärkeren Stromstärken belastet werden, als sie für andere Leiterarten im § 5 (siehe S. 93) gestattet werden. Bei Hochspannung wird aber eigens verlangt, daß die Festigkeit des Materials durch die stärkere Belastung nicht leidet.

Als Isoliermaterial werden für Freileitungen bei Niederspannung (§ 23 d) in aufrechter Stellung befestigte Porzellanglocken oder gleichwertige Isoliervorrichtungen vorgeschrieben.

In der Hochspannungsvorschrift (§ 23 g) sind außer diesen Isolierkörpern Rillenisolatoren noch ausdrücklich aufgeführt. Ferner wird hier besonders darauf aufmerksam gemacht, daß die Leitungsdrähte an den Isolatoren sicher und unverrückbar befestigt werden, und daß die Befestigungsstücke keine scheuernde und schneidende Wirkung auf sie ausüben.

Die tiefsten Punkte von Niederspannungsleitungen müssen mindestens 5 m, die von Hochspannungsleitungen mindestens 6 m und bei Wegeübergängen mindestens 7 m von der Erde entfernt sein.

Zudem sind bei beiden Spannungsarten Freileitungen und Apparate an ihnen so anzubringen, daß sie ohne besondere Hilfsmittel (Montagewagen, Leitern usw.) nicht zugänglich sind.

Der Verhinderung eines Drahtbruches oder eines Herabfallens der Leitung, der Ursachen von zahlreichen Berührungsunfällen, sind folgende Bestimmungen gewidmet:

Bei Hochspannung:

§ 23 i. „Spannweite und Durchhang müssen so bemessen werden, daß Gestänge aus Holz mit zehnfacher und aus Eisen mit fünffacher Sicherheit und Leitungen bei minus 20 ° C mit fünffacher Sicherheit (bei Leitungen aus hartgezogenem Metall mit dreifacher Sicherheit) beansprucht sind. Dabei ist der Winddruck mit 125 kg pro 1 qm senkrecht getroffener Fläche in Rechnung zu bringen."

Für die Herstellung und Unterhaltung von Holzgestängen für elektrische Starkstromanlagen sind in einem Anhange zu den Sicherheitsvorschriften besondere Vorschriften gegeben. Danach dürfen Stangen mit geringerer Zopfstärke als 15 cm nur für Niederspannung bis 250 V gegen Erde verwandt werden, während für Hochspannung Stangen von mindestens 18 cm Zopfstärke verlangt werden.

Die Stangen sind je nach der Bodengattung und Länge entsprechend tief einzugraben (im mittleren Boden je nach ihrer Länge auf eine Tiefe von in der Regel mindestens 1,5—2 m), gut zu verrammen (in weichem Boden einzubetonieren) und in allen Winkelpunkten zu verstärken und zu verankern oder zu verstreben. Wenn für die Aufstellung der Leitungstragstangen die Wahl der Strassenseite frei steht, so empfiehlt sich die Benutzung der Ostseite, weil dann die eventuell durch den am häufigsten auftretenden Weststurm umgeworfenen Stangen nicht auf die Straße fallen.

Bei Leitungen, welche heftigen Stürmen ausgesetzt sind, soll auch in geraden Strecken jede fünfte Stange mit Verankerungen derart versehen werden, daß ein Auffallen der Stangen auf die Verkehrswege infolge von Stangenbrüchen möglichst ausgeschlossen wird.

Nach den Sicherheitsvorschriften sind in die Ankerdrähte der Masten von Freileitungen von 1000 V und darüber bei einer Höhe von mindestens 3 m sogenannte Abspannisolatoren einzufügen, welche den Übergang eines beim Isolatorbruch usw. auf den Mast und das obere Ende des Ankerdrahtes ausgetretenen Stromes auf den unteren zugänglichen Teil verhindern sollen. Nicht genügend geerdete Eisenmaste könnten bei ähnlichen Betriebsstörungen in Hochspannungsleitungen ebenfalls ein gefährliches Potential gegen die Erde annehmen. Deshalb wird für sie „eine abstehende Schutzverkleidung (z. B. aus Holz)" verlangt, welche bis 2 m über den Boden reicht (§ 23 r).

Für die Standpunkte der Stangen dürfen nach den Normalien in geraden Strecken nachfolgende Maximalabstände nicht überschritten werden:

Für Linien mit einem Gesamtquerschnitt der Leitungsdrähte und Schutzdrähte

von 100—200 qmm 45 m,

von 200—300 qmm 40 m,

darüber 35 m.

In Kurven, bei Kreuzungen mit anderen elektrischen Leitungen oder mit Eisenbahnen und bei Wegeüberführungen müssen die Stangenabstände den Umständen entsprechend geringer gewählt werden.

An Straßen- und Wegeübergängen muß bei Hochspannungsleitungen auf jeder Seite der Straße eine Stange stehen, deren Umfallen auf die Straße durch Verstärkung der Verankerung oder Verstrebung möglichst zu verhindern ist. Ist der Gesamtquerschnitt der Leitungen größer als 300 qmm oder muß infolge besonderer Umstände, wie z. B. bei Flußübergängen, zu größeren Stangenabständen, als oben angegeben, gegriffen werden, so sind entweder Stangen von stärkeren Dimensionen oder gekuppelte Stangen anzuwenden.

Im Interesse einer gesicherten Ausführung der Freileitungen bestimmt der § 23 der Hochspannungsvorschriften weiter:

e) „Auf Zug beanspruchte Verbindungen zwischen Leitungen müssen so ausgeführt werden, daß die Verbindungsstelle mindestens die gleiche Zugfestigkeit besitzt wie die Leitung selbst."

m) „Wenn eine Leitung über Ortschaften und bewohnte Grundstücke geführt wird, oder wenn sie sich einer Fahrstraße soweit nähert, daß die Vorüberkommenden durch Draht- oder Mastbrüche gefährdet werden können, müssen die Leitungsdrähte entweder so hoch angebracht werden, daß im Falle eines Drahtbruches die herabhängenden Enden mindesten 3 m vom Erdboden entfernt sind, oder es müssen Vorrichtungen angebracht werden, welche das Herabfallen der Leitungen verhindern, oder es müssen andere Vorrichtungen vorhanden sein, welche die herabgefallenen Teile selbst spannungslos machen.“

Zur Beseitigung gebrochener Drähte und sonstiger Betriebsstörungen sind unter Umständen eilige Arbeiten notwendig, deren Ausführung an der unter Strom stehenden Leitung äußerst gefährlich ist. Auch in anderen Fällen, wie beispielsweise bei Löscharbeiten an brennenden Häusern, können Personen leicht in die Nähe der Leitungen kommen. Um derartige Vorrichtungen gefahrlos zu machen, fordert der Abs. i des § 23, daß Hochspannungsleitungen in Ortschaften streckenweise ausschaltbar sind. Wie die Unglücksfälle auf den Bergwerken Lauragrube in Oberschlesien[46]) und Anna[47]) bei Aachen, wo Arbeiten an Hochspannungsanlagen zwei Menschenleben forderten, beweisen, sollte diese Vorschrift auch bei den Freileitungen überhaupt Beachtung finden.

Die im Absatze m des § 23 geforderten Schutzvorrichtungen werden in der Regel aus Eisen- oder -Stahldrahtnetz hergestellt. Schutznetze dürfen nach § 23 p „sowohl offen wie geschlossen konstruiert sein. In beiden Fällen muß jedoch durch ihre Form und ihre Lage den Leitungsdrähten gegenüber dafür gesorgt sein, daß erstens eine zufällige Berührung zwischen dem Netz und den intakten Leitungsdrähten verhindert wird, und daß zweitens ein gebrochener Draht auch bei starkem Winde sicher abgefangen wird. Schutznetze müssen, wo sie nicht gut geerdet werden können, isoliert sein.“

An den stark beanspruchten Winkelpunkten in Leitungen fordert der Absatz q die Anbringung von Fangbügeln, welche beim Bruch von Isolatoren das Herabfallen von Leitungen verhindern.

Die Fangbügel oder Fangringe werden dicht neben den Leitungen an dem Tragewerk montiert und geerdet. Fällt der Draht, so kommt er mit dem Bügel in Kontakt und setzt eine in dessen Erdleitung eingefügte Schmelzsicherung in Funktion, welche den Strom sofort unterbricht[48]).

Die Berührung von Hochspannungsleitungen mit anderen Niederspannungs-, Telephon-, Telegraphen- und Signal-Leitungen hat zu einer Reihe von Berührungs- und insbesondere auch Brandunfällen geführt. Unter anderen ist bei einer Berührung der Telephonleitung mit der Trolleyleitung einer Straßenbahn in einer schweizerischen Stadt eine ganze Telephonzentrale verbrannt. Gegen diese Gefahrenquelle richtet der § 23 der Hochspannungsvorschriften folgende Bestimmungen:

---

[46]) Ztschr. f. d. Berg-, Hütten- u. Salinenwesen. 1900. S. 459 ff.
[47])   „   „ „   „   „   „   „   1900. S. 461 ff.
[48]) We b e r: Erläuterungen zu den Sicherheitsvorschriften usw. S. 94.

s) „Wenn Freileitungen parallel mit anderen Leitungen verlaufen, ist die Führung der Drähte so einzurichten, oder es sind solche Vorkehrungen zu treffen, daß eine Berührung der beiden Arten von Leitungen miteinander verhütet oder ungefährlich gemacht wird.

Bei Kreuzungen mit anderen Leitungen sind Schutznetze oder Schutzdrähte zu verwenden, sofern nicht durch besondere Hilfsmittel eine gegenseitige Berührung auch im Falle eines Drahtbruches verhindert oder ungefährlich gemacht wird.“

t) „Wenn Niederspannungsleitungen an einem Gestänge für Hochspannung geführt werden, so sind Vorrichtungen anzubringen, die bei Bruch der Leitungen oder der Isolatoren die Berührung der verschiedenen Leitungen miteinander bezw. das Übertreten hoher Spannung in die Niederspannungsleitungen verhindern oder ungefährlich machen.“

u) „Wenn Telephonleitungen an einem Freileitungsgestänge für Starkstrom hoher Spannung geführt sind, so müssen die Telephonstationen so eingerichtet sein, daß auch bei eventueller Berührung zwischen den beiderseitigen Leitungen eine Gefahr für die Sprechenden ausgeschlossen ist.“

Dieser Bestimmung wird durch die Herstellung der Hörrohre, Sprechtrichter usw. aus Isoliermaterial und die Einschaltung selbsttätiger Ausschalter und Schmelzsicherungen in die Sprechleitungen Genüge getan [49]).

v) „Bezüglich der Sicherung vorhandener Telephon- und Telegraphenleitungen wird auf das Reichstelegraphengesetz vom 6. April 1892 und auf das Telegraphenwegegesetz vom 18. Dezember 1899 verwiesen.“

Die in Betracht kommende Bestimmung des Telegraphengesetzes lautet:
„Elektrische Anlagen sind, wenn eine Störung des Betriebes der einen Leitung durch die andere eingetreten oder zu befürchten ist, auf Kosten desjenigen Teiles, welcher durch eine spätere Anlage oder durch eine später eintretende Änderung seiner bestehenden Anlage diese Störung oder die Gefahr derselben veranlaßt, nach Möglichkeit so auszuführen, daß sie sich nicht störend beeinflussen.“

Dies gilt auch für Niederspannungsanlagen. Sind in den Hoch- oder Niederspannungsfreileitungen Transformatoren vorhanden, so müssen sie nach den § 23n bezw. 23h und 25d unzugänglich angebracht sein. Wenn das nicht angängig ist, sind sie mit den Schutzvorrichtungen zu versehen, welche für die Aufstellung außerhalb elektrischer Betriebsräume angeordnet sind (Aufstellung in geerdeten Metallgehäusen oder hinter Schutzverschlägen, Möglichkeit der gefahrlosen Gestellerdung, s. S. 43 ff).

Da die oft sehr ausgedehnten Stränge der Freileitungen den Entladungen atmosphärischer Elektrizität, die sich nicht immer als sichtbare Blitzschläge äußern, besonders ausgesetzt sind, müssen sie nach § 23o den örtlichen Verhältnissen entsprechend und „mit besonderer Rücksicht auf die mit ihnen verbundenen Generatoren, Motoren und Transformatoren durch Blitzschutzvor-

---

[49]) Weber: Erläuterungen zu den Sicherheitsvorschriften usw. S. 97.

richtungen" gesichert werden, „die auch wiederholten Entladungen gegenüber wirksam bleiben".

Dieser Vorschrift dürften von den Blitzschutzapparaten für Niederspannung die mit magnetischer oder mechanischer Funkenlöschung entsprechen, während die früher viel verwandten Walzen- und Plattenblitzableiter sich als wenig zuverlässig erwiesen haben. Für Hochspannungen kommen nur die bereits früher (s. S. 70) erwähnten Hörnerblitzableiter in Frage (Fig. 81 u. 82). Bei ihnen läuft der von der zu schützenden Leitung (Fig. 81) abgezweigte Anschluß in einen isolierten hornförmigen Kontakt L aus, neben dem unter Zwischenschaltung eines Luftwiderstandes ein zweiter gleichartiger Kontakt E angeordnet ist. E steht durch eine Leitung, in welche ein Widerstand eingeschaltet ist, mit einer geerdeten Platte in Verbindung. Der normale Betriebsstrom vermag die beiden Luftstrecken nicht zu überwinden, wohl aber der Blitz mit seiner hohen Intensität. Der zwischen den Polhörnern entstehende Lichtbogen erwärmt die benachbarte Luft, welche beim

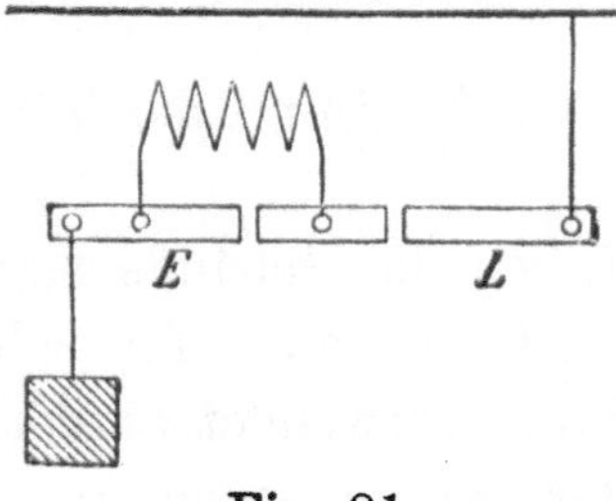

Fig. 81.
Hörnerblitzableiter
der Siemens-Schuckertwerke.

Aufsteigen, unterstützt durch die elektrodynamische Wirkung, den Lichtbogen an den auseinandergehenden Kontakten in die Höhe drängt und den weitergezogenen Bogen schließlich zum Abreißen bringt. Die Photographie, Fig. 82, veranschaulicht den Vorgang des Abreißens bei einer Blitzschutzvorrichtung, welche durch einen sehr hoch transformierten Strom auf ihre Wirksamkeit geprüft wird. Nach dem Erlöschen des Lichtbogens steht der Apparat sofort wieder bereit, eine neue Ladung unschädlich zu machen.

Außer diesen Blitzableitern haben unmittelbar vor den zu schützenden Maschinen oder Apparaten in die Leitungen eingebaute Drosselspulen sich sehr wirksam erwiesen[50].

„Wenn verschiedene Phasen oder Polaritäten durch benachbarte Blitzableiter gesichert werden, ist darauf zu achten,

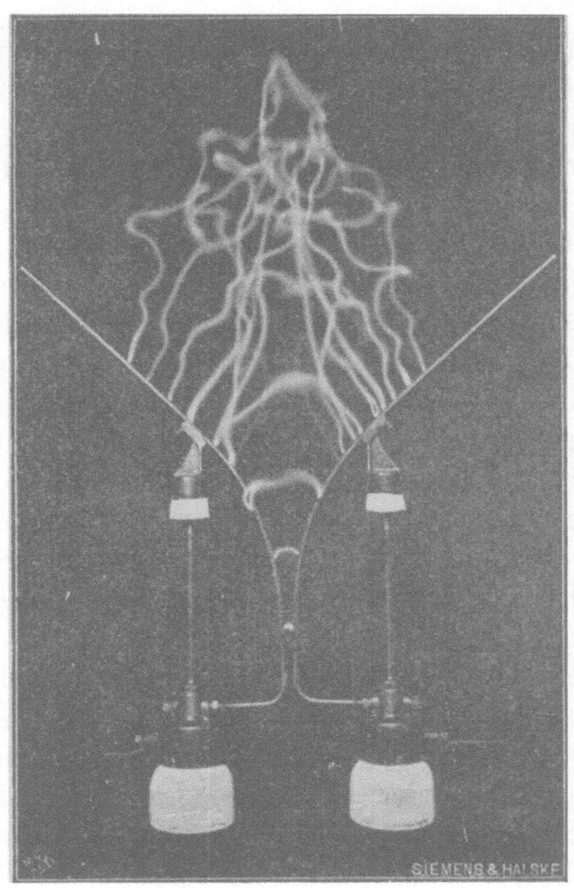

Fig. 82.
Hörnerblitzableiter der Siemens-Schuckertwerke.

---

[50] Weber: Erläuterungen zu den Sicherheitsvorschriften. usw. S. 91.

7*

daß die Erdplatten keine gefährliche Spannung im Boden zwischenliegender Wege oder sonstiger von Menschen begangener Stellen erzeugen" (§ 23 o. S. 2).

Eine Berührung der Erdleitung des Blitzableiters würde in den Fällen, in denen die Funkenstrecken durch den Lichtbogen, durch Schnee, Eis usw. kurzgeschlossen sind, eine große Gefahr bedeuten, welcher der letzte Satz des § 23 r durch die Anordnung eines die Leitung umgebenden, mindestens 2 m hohen Schutzgehäuses entgegentritt.

Bezüglich der Einführung von Freileitungen in Gebäude bestimmt der § 24 für beide Spannungsarten:

„Bei Einführung von Freileitungen aus dem Freien in Gebäude sind entweder die Drähte frei und straff durchzuspannen, oder es muß für jede Leitung ein isolierendes und feuersicheres Einführungsrohr verwendet werden, welches auf der Außenseite des Gebäudes eine trichterförmige, nach unten gerichtete Mündung hat."

Für Hochspannungen gelten noch besondere Montagevorschriften, welche weiter unten wiedergegeben werden.

Für blanke Leitungen in Gebäuden gibt der § 28 a folgende Festsetzungen:

Bei Niederspannung:

a) „Offen verlegte blanke Leitungen aus Kupfer oder anderen Metallen von mindestens gleicher Bruchfestigkeit müssen einen Minimalquerschnitt von 4 qmm haben."

c) „Blanke Leitungen außerhalb elektrischer Betriebsräume sind gegen zufällige Berührung zu schützen."

Bei Hochspannung bis zu 1000 V sind blanke Leitungen außerhalb elektrischer Betriebsräume nur als Kontaktleitungen (für Bahnen, fahrbare Krane, Schiebebühnen usw.) zulässig. Bei Spannungen über 1000 V ist ihre Verwendung auf elektrische Betriebs- und Akkumulatorenräume beschränkt.

Bei Niederspannung dürfen sie nach § 28 b „nur auf Isolierglocken oder gleichwertigen Vorrichtungen verlegt werden und müssen, soweit sie nicht unausschaltbare Parallelzweige sind, bei Spannweiten von mehr als 6 m mindestens 20 cm, bei Spannweiten von 4 bis 6 m mindestens 15 cm und bei kleineren Spannweiten mindestens 10 cm voneinander, in allen Fällen aber mindestens 10 cm von der Wand bezw. von Gebäudeteilen entfernt sein."

Für Hochspannung sind weitere Abstände festgesetzt; sie sollen zwischen den einzelnen Leitungen oder zwischen einer derselben und einer Wand oder anderen Gebäudeteilen sowie zwischen Leitung und Schutzverkleidung nicht weniger als 1 cm für je 1000 V, mindestens aber 10 cm betragen. Als Spannweite der Leitungen sind, wo nicht besondere Verhältnisse eine Abweichung bedingen, 3 m im Maximum zugelassen.

Für beide Spannungsarten gelten die Absätze b S. 2 und c bezw. d des § 28:

§ 28 b) „Bei Verbindungsleitungen zwischen Akkumulatoren, Maschinen und Schalttafeln, bei Zellenschalterleitungen und bei parallel geführten

Speise-, Steig- und Verteilungsleitungen können starke Kupferdrähte in kleineren Abständen voneinander verlegt werden."

c) bezw. d) „Betriebsmäßig geerdete blanke Leitungen fallen nicht unter die Bestimmungen dieses Paragraphen, müssen aber gegen die bei normaler Benutzung des betreffenden Raumes vorauszusetzenden Beschädigungen geschützt sein."

Für die Herstellung der isolierten Leitungen (Gummiband- und Gummiaderleitungen, Gummiband- und Gummiader- schnüre, einfache Gleichstromkabel, Fassungsadern, Fassungs- doppeladern, Pendelschnur, konzentrische, bikonzentrische und verseilte Mehrleiterkabel mit oder ohne Prüfdraht) und für die Konstruktion und Prüfung von Gummiaderleitungen für Hoch- spannung hat der Elektrotechnikerverband besondere Normalien aufgestellt, deren auch den Verbraucher interessierende Bestimmungen nachstehend mit denen der Sicherheitsvorschriften wiedergegeben sind.

Gummibandleitungen bestehen aus massiven oder mehrdrähtigen Leitern, welche mit unvulkanisiertem Paragummiband umwickelt sind. Die Gummihülle muß zunächst durch eine Umwicklung mit Baumwolle und eine über dieser liegende Umklöppelung aus Baumwolle, Hanf oder ähnlichem Material, welches in geeigneter Weise imprägniert ist, geschützt werden.

Als Leitungsquerschnitt wird durch die Normalien eine Kupferstärke von 1—16 qmm für massive und von 1—150 qmm für mehrdrähtige Leiter zugelassen.

Diese Leitungen brauchen einer halbstündigen Durchschlagsprobe mit 500 V Wechselstrom nur dann ausgesetzt zu werden, wenn sie mehrdrähtig aus- geführt sind und als Mehrfachleiter benutzt werden sollen.

Bei Hochspannung ist ihre Anwendung verboten.

Für Gummiaderleitungen (Drähte oder Seile) wird eine Gummihülle verlangt, welche nach 24 stündigem Liegen unter Wasser der halbstündigen Einwirkung eines Wechselstromes von 2000 V zwischen Kupferseele und Wasser von weniger als 25^0 C widersteht.

„Jede Leitung muß über dem Gummi von einer Hülle gummierten Bandes umgeben sein und, wenn sie als Einzelleitung verwandt wird, eine imprägnierte Umklöppelung erhalten. Bei Mehrfachleitungen kann die Um- klöppelung gemeinsam sein" (Normalien).

Für massive Leiter in Gummiadern ist ein Querschnitt von 0,75 bis 16 qmm, für mehrdrähtige ein solcher von 0,75 bis 1000 qmm zugelassen.

Diese Leiterart darf zum Anschluß beweglicher Apparate bis zu 500 V und zur festen Verlegung bis zu 1000 V gebraucht werden.

Bei Gebrauchsspannungen von mehr als 1500 V sind bewegliche Leitungen nicht mehr gestattet (§ 7 h).

Eine kräftige Bewehrung ist insbesondere bei den biegsamen Leitungen erforderlich, welche unter Tage zum Anschluß ortsveränderlicher Motoren (Bohrmaschinen, fahrbarer Pumpen, Kompressoren usw.) dienen.

Eine englische Firma führt für derartige Zwecke eine Spezialkonstruktion aus, bei welcher der isolierte Leiter zunächst von einer Umspinnung aus feuersicherem Material und dann von einem Lederriemengeflecht umgeben wird. Der Lederschutz mag sehr biegsam sein, ob er aber stärkeren mechanischen Einwirkungen, dem Scheuern am Gestein, genügenden Widerstand bietet, erscheint sehr fraglich. Kräftige Metallgeflechte, wie sie von deutschen Firmen zur Bewehrung der Leitungen benutzt werden, verdienen jedenfalls den Vorzug.

Fig. 83.
Biegsames Bergwerkskabel von Glover u. Co., Manchester.

Besondere Normalien lassen für die Hochspannungsgummiadern bei massiven und mehrdrähtigen Leitern einen Querschnitt von 1—500 qmm zu. „Die Kupferseele ist mit einer wasserdichten, vulkanisierten Gummihülle zu umgeben, welche bei Spannungen über 1000 V aus mehreren Lagen Gummi bestehen muß.“

Die Beschaffenheit der Gummihülle soll derartig sein, daß die Leitungen nach 24 stündigem Liegen unter Wasser von weniger als 25^0 C der Einwirkung eines Wechselstromes widerstehen, dessen Spannung bei 1000—4000 V das Doppelte der Betriebsspannung,

bei	5 000 V	Betriebsspannung	9 000	V
„	6 000 „	„	10 000	„
„	7 000 „	„	12 000	„
„	8 000 „	„	13 000	„
„	10 000 „	„	15 000	„
„	12 000 „	„	18 000	„

beträgt.

Jede Leitung muß über dem Gummi eine Hülle gummierten Bandes und, wenn sie einzeln verwandt wird, eine imprägnierte Umklöppelung erhalten.

Bei Mehrfachleitungen genügt eine gemeinsame Umklöppelung. Sie können auch durch eine gemeinschaftliche Hülle von Metalldrähten (Geflecht oder Umwicklung) geschützt werden.

Eine „Spezialgummiaderleitung“ (Draht oder Seil) gilt als isolierte Leitung

bei beweglicher Verlegung bis . . . . 1 500 V
„ fester „ „ . . . . 5 000 „
„ Verlegung in eine luftdicht schließende Metallumhüllung bis . 12 000 „.

Sie darf, fest verlegt, auch ohne Metallumhüllung bei Spannungen über 5000 V verwandt werden, wird aber dann wie blanke Leitung behandelt.

Mehrfachleitungen (Draht oder Seil) sind, wenn sie aus gewöhnlichen Gummiaderleitungen bestehen, bis zu 1000 V zulässig, bis zu 1500 V, wenn sie durch Spezial-Gummiaderleitungen gebildet werden und durch eine Bewehrung (z. B. Drahtumhüllung, Metallschlauch, Leder) gegen mechanische Verletzungen geschützt sind.

Gepanzerte, d. h. aus je einer oder mehreren Gummiadern zusammengesetzte Leitungen, welche mit einer gemeinsamen Hülle und einer darüber gelegten dichten Metallumklöppelung versehen werden, sind bei Niederspannung den armierten Bleikabeln gleichgestellt, dürfen nur nicht direkt in die Erde verlegt werden.

Fassungsadern, eine lediglich für die Installation von Beleuchtungskörpern bestimmte Abart der Gummiaderleitungen oder Gummiaderschnüre, dürfen bei Hochspannung nicht verwandt werden.

Für die Ausführung und Prüfung der Gummiband- und Gummiaderleitungen und -schnüre und der Fassungsadern sind unter Ziffer II, III und V der Normalien für Leitungen besondere Bestimmungen gegeben. Sie müssen danach von einer vulkanisierten Gummihülle von 0,6 mm Wandstärke und einer darüber liegenden Umklöppelung aus Baumwolle, Hanf, Seide oder ähnlichem Material umgeben sein, welches in geeigneter Weise zu imprägnieren ist. Bei Fassungsdoppeladern, die aus zwei nebeneinanderliegenden nackten Fassungsadern bestehen, genügt eine gemeinsame imprägnierte Umklöppelung. Für diese Leiterart ist eine halbstündige Durchschlagsprobe mit 1000 V Wechselstrom vorgeschrieben.

Bei Niederspannung „dürfen Drahtleitungen anderer Art nur verwendet werden, wenn sie der in den Normalien für Gummiaderdrähte beschriebenen Wasserprobe, eventuell unter sinngemäßer Modifikation der Bedingungen, genügen“. Bei Hochspannung müssen „Drahtleitungen anderer Art, welche als isolierte Leitungen gelten sollen, eine luftbeständige Isolierung haben und nach 24 stündigem Liegen im Wasser die doppelte Betriebsspannung, mindestens 3000 V, gegen das Wasser eine Stunde lang aushalten“ (§ 7 g). Den Normalien genügende „bewegliche Einzel- und Mehrfachleitungen sind zulässig bis zu Gebrauchsspannungen von 1500 V; sie müssen aber dann noch eine gegen mechanische Verletzung schützende Hülle besitzen.“

Die Pendelschnur, welche bei Beleuchtungskörpern zur Verwendung kommt, muß denselben Kupferquerschnitt haben und mit derselben Spannung geprüft sein wie die Fassungsadern. Die Isolierung besteht aus einer Baumwollenumspinnung und einer darüber liegenden Gummihülle. Eine gemeinsame Umklöppelung schützt die verschiedenen Adern.

Als Schnüre (biegsame Leitungen mit zwei oder drei Adern) werden auch Gummiband- und Aderleitungen ausgeführt. Pendel- und Gummibandschnüre sind nur für Niederspannung gestattet. Gummiaderschnüre können zum Anschluß beweglicher Apparate bis zu 500, bei fester Verlegung bis zu 1000 V benutzt werden. Unter der letzteren Spannungsgrenze sind auch bewegliche Einfach- und Mehrfachschnurleitungen verwendbar, wenn sie eine gegen mechanische Verletzungen schützende Hülle besitzen und einer Wasserprobe unterworfen worden sind.

Gepanzerte Schnurleitungen bestehen aus zwei oder mehreren Gummi-Aderschnüren, welche durch eine gemeinsame Hülle und eine darüber liegende Metallumklöppelung geschützt sind. Sie dürfen nicht in die Erde verlegt werden, sind aber bei Niederspannung im übrigen den armierten Bleikabeln gleichgestellt (§ 38).

Auf die Verlegung isolierter Leitungen beziehen sich folgende Bestimmungen der Sicherheitsvorschriften:

§ 29. Bei Niederspannung sollen Glocken „nur in aufrechter Stellung bezw., wenn eine Neigung nicht zu vermeiden ist, so angebracht werden, daß sich kein Wasser in ihnen ansammeln kann".

Bei der Verwendung für Hochspannung werden an die Isolierkörper die weiter oben (s. S. 95) erwähnten Forderungen gestellt (Abs. a).

Die Bestimmung des Abs. b will eine Berührung der Leitungen mit den Wänden verhindern. Bei Niederspannung müssen die Glocken, Rollen, Ringe und Klammern, auf denen Draht- und Schnur-Leitungen verlegt sind, so angebracht sein, daß zwischen Leitung und Wand ein Abstand von mindestens 10 mm verbleibt.

Für Hochspannungsleitungen werden größere Abstände zwischen Leitungen und Wänden gefordert. Die Glocken, Rollen usw. müssen so angeordnet werden, daß der Abstand

bis   500 V mindestens 1 cm,
„   1000 „   „   2 „
über 1000 „   „   5 „

für je 1000 V, zum wenigsten aber 5 cm beträgt.

Isolierende Schutzverkleidungen müssen mindestens 5 cm von den Leitungen abstehen.

Die bei Niederspannung viel verwandte Verlegung zweier oder mehrerer Drähte von verschiedener Polarität oder Phase in eine Klemme ist bei Hochspannung wegen der Gefahr eines Stromübergangs zwischen den Leitungen verboten.

Eine sichere Befestigung der Leitungen will folgende Bestimmung des Absatzes c bezw. d in § 29 der Nieder- und Hochspannungsvorschriften erreichen:

„Bei Führung der Leitungen auf gewöhnlichen Rollen längs der Wand muß auf höchstens 80 cm eine Befestigungsstelle kommen. Bei Führung an der Decke können den örtlichen Verhältnissen entsprechend größere Abstände ausnahmsweise gewählt werden."

Bei Mehrfachleitungen müssen die oben angegebenen Abstände von den Wänden eingehalten werden. Metallene Bindedrähte könnten einen Stromaustritt ermöglichen und sind deshalb verboten. Zur Vermeidung eines Kurzschlusses dürfen die Leitungen nicht so befestigt sein, daß die Leiter aneinander gepreßt werden. Ihre Benutzung zum Aufhängen von Lampen ist nur dann zulässig, wenn sie durch Einfügung einer besonderen Trageschnur in das Geflecht gegen eine Beanspruchung auf Zug geschützt werden (§ 29 d).

Über die Beschaffenheit und Verlegung der Rohre, welche vielfach zum Schutze isolierter Leitungen verwandt werden, treffen die Sicherheitsvorschriften folgende Festsetzungen:

§ 18 a) „Bei Metall- und Isolierrohren, in denen Leitungen verlegt werden sollen, muß die lichte Weite, sowie die Anzahl und der Radius der Krümmungen so gewählt sein, daß man die Drähte jederzeit leicht einziehen und entfernen kann. Die Rohre müssen ferner so eingerichtet sein, daß die Isolierung der Leitungen durch vorstehende Teile und scharfe Kanten nicht verletzt werden kann.“

Bei Rohren, die mehr als einen Draht aufnehmen sollen, muß die lichte Weite für Niederspannung mindestens 11, für Hochspannung mindestens 15 mm betragen (Abs. b).

Bei Hochspannungen gelten noch folgende besondere Bestimmungen:

c) „Verbindungsdosen müssen genügend weit und so eingerichtet sein, das jeder ungehörige Spannungs- oder Stromübergang ausgeschlossen ist.“

d) „Rohre dienen wesentlich als mechanischer Schutz; sie müssen dementsprechend aus widerstandsfähigem Material von genügender Stärke bestehen.“

Bezüglich der Verlegung der Leitungen in Rohren verfügt der § 30 in den Absätzen a und b:

Bei Niederspannung dürfen Papierrohre ohne Metallüberzug nicht unter Putz verlegt werden, weil sie beispielsweise durch das Einschlagen von Nägeln gefährdet würden. Rohre für Hochspannungsleitungen sollen einen metallenen Körper oder Überzug haben, der so stark ist, daß er den nach den Ortsverhältnissen zu erwartenden mechanischen Angriffen sicher widersteht. Eine Verlegung unter Putz ist nur für Spannungen bis 500 V zulässig (a).

Drahtverbindungen innerhalb der Rohre, welche leicht zu Klemmungen und Quetschungen führen könnten, sind nicht statthaft (b).

Wechselstromleitungen könnten in metallenen oder metallüberzogenen Schutzröhren Ladungsströme induzieren. Deshalb fordern die Vorschriften für beide Spannungen eine derartige Zusammenlegung der Leitung in einem Schutzrohr, daß die Summe ihrer Ströme gleich Null ist, eine Ladung also nicht entstehen kann. Rohre von Hochspannungsleitungen müssen zudem geerdet und an den Stoßenden metallisch verbunden sein. Bei Niederspannung ist es gestattet, drei Drähte bis zu 6 qmm Kupferquerschnitt in ein einziges Rohr zu verlegen. „In Metallrohren, auch solchen mit Längsschlitz ohne isolierende Auskleidung“, dürfen nur Gummiadern verlegt werden. Bei Hochspannung muß jede Leitung, die in ein Rohr eingezogen werden soll, für sich die der Spannung entsprechende Isolierung haben. Bei Nieder- und Hochspannung sind die Rohre so zu verlegen, daß sich in ihnen kein Wasser ansammeln kann.

Bezüglich der verschiedenen Arten von Kabeln geben die Sicherheitsvorschriften in § 9 folgende Bestimmungen:

a) „Blanke Bleikabel (Bezeichnung K B) bestehen aus einer oder mehreren Kupferseelen, starken Isolierschichten und einem wasserdichten einfachen oder mehrfachen Bleimantel. Sie sind nur zu verwenden, wenn sie gegen mechanische und gegen chemische Beschädigungen geschützt sind.“

b) „Asphaltierte Bleikabel (Bezeichnung K A), wie die vorigen, aber mit asphaltiertem Faserstoff umwickelt, müssen gegen mechanische Beschädigungen geschützt sein.“

c) „Armierte asphaltierte Bleikabel (Bezeichnung K E), wie die vorigen und mit Eisenband oder -draht armiert.“

Für einfache Gleichstromkabel, sowie für konzentrische, bikonzentrische und verseilte Mehrleiterkabel mit und ohne Prüfdraht sind besondere Normalien aufgestellt, auf welche einzugehen hier zu weit führen würde.

Bezüglich der Verlegung der Kabel bestimmt der § 31 der Sicherheitsvorschriften, was folgt:

a) „Bleikabel jeder Art dürfen nur mit Endverschlüssen, Muffen oder gleichwertigen Vorkehrungen, welche das Eindringen von Feuchtigkeit verhindern und gleichzeitig einen guten elektrischen Anschluß gestatten, verwendet werden.“

b) „Blanke und asphaltierte Bleikabel dürfen nur da verlegt werden, wo sie gegen die im normalen Betriebe zu erwartenden mechanischen Beschädigungen geschützt sind.

Bei blanken Bleikabeln ist außerdem besondere Vorsicht gegen chemische Einflüsse geboten.“

c) „An den Befestigungsstellen ist darauf zu achten, daß der Bleimantel nicht eingedrückt oder verletzt wird; Rohrhaken sind daher nur bei armierten Kabeln und Panzerleitungen als Befestigungsmittel zulässig.“

Bei Hochspannungsanlagen müssen die Prüfdrähte so angeschlossen werden, „daß sie nur zu Messung am eigenen Kabel dienen.“

Außer diesen für die Installation der einzelnen Leiterarten gegebenen Bestimmungen enthalten die Sicherheitsvorschriften bezüglich des Leitungsmaterials noch nachstehende allgemeine Festsetzungen:

§ 26. a) „Alle Leitungen müssen so verlegt werden, daß sie nach Bedarf geprüft und ausgewechselt werden können.

Für unterirdisch verlegte Kabel gilt diese Vorschrift nur bezüglich der Prüfung.“

b) „Soweit festverlegte Leitungen der mechanischen Beschädigung ausgesetzt sind, oder soweit sie im Handbereich liegen, müssen sie durch Verkleidungen geschützt werden, die so hergestellt sein sollen, daß die Luft frei durchstreichen kann. Rohre gelten als Schutzverkleidung. Armierte Bleikabel und metallumhüllte Leitungen, sowie sämtliche Leitungen in elektrischen Betriebsräumen unterliegen dieser Vorschrift nicht.“

c) „Bewegliche biegsame Leitungen dürfen an fest verlegte Leitungen nur mittels lösbarer Kontakte angeschlossen werden.“

d) „Die Verbindung von Leitungen untereinander sowie die Abzweigung von Leitungen geschieht mittels Lötung, Verschraubung oder gleichwertiger Verbindung.“

Lediglich für Niederspannung gilt folgender Absatz:

„Abzweigungen von festverlegten Mehrfachleitungen nach § 8 müssen mit Abzweigklemmen auf isolierender Unterlage ausgeführt werden."

Für Nieder- und Hochspannung wird weiter vorgeschrieben:

e) „Zum Löten dürfen keine Lötmittel verwendet werden, welche das Metall angreifen."

f) „Bei Verbindungen oder Abzweigungen von isolierten Leitungen ist die Verbindungsstelle in einer der sonstigen Isolierung möglichst gleichwertigen Weise zu isolieren. Die Anschluß- und Abzweigstellen müssen von Zug entlastet sein."

g) „Kreuzungen von stromführenden Leitungen unter sich und mit sonstigen Metallteilen sind so auszuführen, daß die Berührung ausgeschlossen ist."

Kann bei Niederspannung „kein genügender Abstand eingehalten werden, so sollen isolierende Platten dazwischen gelegt werden, um die Berührung zu verhindern. Rohre und Platten sind sorgfältig zu befestigen und gegen Lagerveränderung zu schützen."

Für Niederspannungsleitungen, „bei denen ein Zusammenlegen von mehr als 3 Leitungen unvermeidlich ist (z. B. Reguliervorrichtungen), dürfen Gummiaderleitungen so verlegt werden, daß sie sich berühren, wenn eine Lagerveränderung ausgeschlossen ist" (h).

Ist bei Hochspannung das „Zusammenlegen von mehreren Leitungen unvermeidlich, so sind oberhalb 1000 V Spezial-Gummiaderleitungen oder Kabel zu verwenden" (h).

Alle nicht betriebsmäßig geerdeten Hochspannungsleitungen, „mit Ausnahme von Kabeln in und an Gebäuden, müssen durch Schutzverkleidung gegen Berührung und Beschädigung gesichert sein. Diese Schutzverkleidung muß die in den §§ 27 bis 29 vorgeschriebenen Abstände haben und, soweit sie der Berührung durch Personen zugänglich ist, aus feuchtigkeitsbeständigem Isoliermaterial (mit Isoliermasse imprägniertes Holz ist zulässig) oder aus geerdetem Metall bestehen. Netze müssen in diesem Fall höchstens 5 cm Maschenweite und wenigstens $1\frac{1}{2}$ mm Drahtdicke haben."

Ausschließlich für Hochspannung gelten ferner folgende Bestimmungen:

„Wenn die äußere Metallhülle von Kabeln und Panzerleitungen zuverlässig geerdet werden kann, so genügt diese Erdung. Andernfalls müssen sie, soweit sie der Berührung zugänglich sind, durch eine Verkleidung geschützt werden, welche entweder isolierend ist oder aus geerdetem Metall besteht.

Wenn eine Leitung an der Außenseite eines Gebäudes geführt ist, so darf, einerlei ob sie blank oder isoliert ist, ihr Abstand von der äußeren Gebäudewand oder der Schutzverkleidung an keiner Stelle weniger als 2 cm für je 1000 V, muß aber mindestens 10 cm betragen" (k).

Über die Durchführung der Leitungen durch Wände und Decken setzt der § 27 folgendes fest:

a) „Durch Wände und Decken sind die Leitungen entweder der in den betreffenden Räumen gewählten Verlegungsart entsprechend hindurchzuführen, oder es sind haltbare Rohre aus Isoliermaterial zu verwenden, und zwar für jede einzeln verlegte Leitung und für jede Mehrfachleitung je ein Rohr.

Diese Durchführungsrohre müssen an den Enden mit Tüllen aus feuersicherem Isoliermaterial versehen und so weit sein, daß die Drähte leicht darin bewegt werden können.

In feuchten Räumen sind entweder Porzellanrohre zu verwenden, deren Enden nach Art der Isolierglocken ausgebildet sind, oder die Leitungen sind frei durch genügend weite Kanäle zu führen."

Die Rohre müssen mindenstens 10 cm über Fußböden, bei Hochspannung auch mindestens 5 cm über Decken und Wandflächen vorstehen und gegen mechanische Beschädigungen geschützt sein.

„Für Spannungen über 1000 V muß entweder unter Innehaltung einer Entfernung von 2 cm für je 1000 V, mindestens aber von 5 cm zwischen Wand und Leitung, ein Kanal hergestellt werden, welcher die Durchführung der Leitung von Isolierglocken aus gestattet, oder es sind Porzellan- oder gleichwertige Isolierrohre zu verwenden, deren Enden mindestens 5 cm aus der Wand hervorragen, nach außen und nach feuchten Räumen hin aber als Isolierglocken ausgebildet sein müssen. Für jede Leitung ist, abgesehen von Mehrfachleitungen, ein besonderes Rohr vorzusehen" (a. S. 2).

Armierte Kabel und betriebsmäßig geerdete Leitungen für Nieder- und Hochspannung „fallen nicht unter die Bestimmungen dieses Paragraphen, sind aber gegen die Einflüsse der Mauerfeuchtigkeit zu schützen, z. B. durch Anstrich".

Für den Anschluß von Leitungen an Apparate gibt der § 10 (c—d) folgende Vorschriften:

c) „Die Verbindung der Leitungen mit den Apparaten ist durch Schrauben oder gleichwertige Mittel auszuführen.

Schnüre oder Drahtseile bis zu 6 qmm und Einzeldrähte bis zu 25 qmm Kupferquerschnitt können mit angebogenen Ösen an die Apparate befestigt werden. Drahtseile über 6 qmm, sowie Drähte über 25 qmm Kupferquerschnitt müssen mit Kabelschuhen oder gleichwertigen Verbindungsmitteln versehen sein. Schnüre und Drahtseile von weniger als 6 qmm Querschnitt müssen, wenn sie nicht gleichfalls Kabelschuhe oder gleichwertige Verbindungsmittel erhalten, an den Enden verlötet sein; zum Löten darf die offene Flamme nicht verwendet werden", weil dabei dünne Drähte verbrennen könnten.

d) „Apparate müssen so konstruiert sein, daß der für die anzuschließenden Drähte vorgeschriebene Abstand von der Wand auch an den Einführungsstellen gewahrt werden kann".

Die Ausführung der Erdungsleitungen ist durch die nachstehenden Bestimmungen geregelt.

§ 15. „Krampen sind nur zur Befestigung von betriebsmäßig geerdeten Leitungen zulässig, sofern dafür gesorgt ist, daß der Leiter weder mechanisch noch chemisch durch die Art der Befestigung geschädigt wird."

§ 22. a) „Alle Verbindungen in Erdungsleitungen müssen durch Verlötung hergestellt sein, doch kann der Anschluß an Erdungsschalter und an den zu erdenden Gegenstand auch durch Verschrauben hergestellt sein."

b) „Der Querschnitt der Erdungsleitungen ist mit Rücksicht auf die zu erwartenden Erdschlußstromstärken zu bemessen. Die Erdungsleitungen müssen gegen mechanische und chemische Beschädigungen geschützt werden."

c) „Es ist für möglichst geringen Erdungswiderstand Sorge zu tragen. Als Erdelektroden dienen Platten, Drahtnetze, Gitterwerk u. dergl."

Rohrleitungen können zur Erdung mitbenutzt werden, dürfen aber nicht als ausschließliche Erdung dienen.

d) „Die in einem Gebäude befindlichen Erdungsleitungen müssen sämtlich unter sich gut leitend verbunden sein."

e) „Es ist verboten, Strecken einer geerdeten Betriebsleitung durch Erde allein zu ersetzen."

Bei Niederspannung muß nach Absatz f der neutrale Mittelleiter von Gleichstrom - Dreileitersystemen geerdet sein.

Über die Verlegung der Leitungen in den Räumen besonderer Beschaffenheit treffen die Sicherheitsvorschriften folgende allgemeinen Festsetzungen:

In elektrischen Betriebsräumen sind Leitungen jeder Art, auch blanke Leitungen, zulässig, letztere besonders in Form von Kupferschienen oder massivem Kupferdraht mit Anstrich, welcher die Polarität oder Phase kenntlich macht (§ 36a).

Bei Niederspannung bedürfen Leitungen überhaupt keiner Verkleidung, bei Hochspannung bis zu 1000 V ist sie dagegen nur bei isolierten Leitungen entbehrlich.

„Isolierte Leitungen für Spannungen über 1000 V und blanke Leitungen für jede Spannung müssen entweder der Berührung unzugänglich angeordnet oder durch Abschluß in besonderen Räumen oder durch Verkleidung vor Berührung geschützt sein" (§ 36c u. b).

In trockenen Räumen ohne leicht entzündlichen Inhalt sind alle Arten von Leitungen gestattet, welche den Vorschriften der §§ 25—35 entsprechen. In bewohnten Räumen darf bei Niederspannung mit Ausnahme von betriebsmäßig geerdeten Leitern kein blanker Draht benutzt werden. Drähte müssen bei Spannungen über 250 V als Gummiaderleitung ausgeführt werden.

c) „Gummiaderschnur darf sowohl fest verlegt, als auch zum Anschluß beweglicher Stromverbraucher verwendet werden. Bei fester Verlegung ist die Schnur im Handbereich und an gefährdeten Stellen nach § 26b zu schützen."

d) „Gummibandschnur darf nicht unter Putz und nicht für Spannungen von mehr als 125 V fest verlegt werden; als Anschlußleitung für bewegliche Stromverbraucher ist sie nicht zu verwenden."

e) „Bei Schnüren jeder Art müssen die Anschluß- und Verbindungsstellen vom Zug entlastet, und es müssen die einzelnen Drähte jedes Leiters, wenn sie nicht Kabelschuhe oder gleichwertige Verbindungsmittel erhalten, an den Enden miteinander verlötet sein. Verbindungen von solchen Schnüren oder zwischen Schnüren und anderen Leitungen dürfen nicht durch Verlötung, sondern müssen durch Verschraubung auf isolierender Grundlage hergestellt sein.

Etwa durchgehende Hochspannungsleitungen müssen außer Handbereich liegen und außerdem durch Verkleidungen geschützt sein.“

Für feuergefährliche Betriebsstätten sind bei Gebrauchsspannungen unter 250 V und fester Verlegung Gummiband- und -aderdrähte, Mehrfachdraht- und Seilleitungen, Fassungsadern und Drahtleitungen anderer Art, welche den Normalien entsprechen, zugelassen. Über dieser Spannungsgrenze dürfen nur Gummiaderdrähte, Fassungsadern und Kabel verwandt werden. Bei Hochspannung sind Gummiaderdrähte, Mehrfachdraht- und -seilleitungen, Fassungsadern, den Normalien genügende Drahtleitungen anderer Art (darunter Panzeradern) und Kabel gestattet.

Bei beiden Spannungsarten müssen fest verlegte Drahtleitungen in Rohren untergebracht sein.

Für bewegliche Leitungen ist nur biegsame Mehrfachleitung zu verwenden, welche nach Art der Gummiaderschnüre oder der gepanzerten Schnurleitungen ausgeführt ist (§ 39 d u. c).

In explosionsgefährlichen Betriebsstätten und Lagerräumen sind blanke Leitungen und Mehrfachleitungen wegen der erhöhten Kurzschlußgefahr verboten. Zugelassen sind nur in Rohren eingeschlossene Gummiaderdrähte (§ 40 c u. d).

„Die nach feuchten Räumen führenden Leitungen müssen abschaltbar sein.“

Diese Vorschrift verschafft die Möglichkeit, einen Stromaustritt, der durch die Feuchtigkeit sehr begünstigt wird, leicht unschädlich zu machen. Denselben Zweck verfolgen die weiteren Bestimmungen für Niederspannung:

b) „Blanke Leitungen müssen in einem Abstand von mindestens 10 cm voneinander und 10 cm von der Wand auf Porzellanglocken oder mit gleichwertigen Isolatoren verlegt werden. Sie sollen mit einem in der Feuchtigkeit haftenden und haltbaren Anstrich versehen sein.“

c) „Isolierte Leitungen müssen als Gummiadern ausgeführt sein.“

d) „Bei beweglichen Lampen muß die Doppelleitung durch eine starke schmiegsame Umhüllung gegen Beschädigung geschützt sein. Bei Hochspannung dürfen blanke Leitungen überhaupt nicht verwendet werden. Für Spannungen über 1000 V sind nur Kabel zugelassen. Auch sind die im § 29 (s. S. 106) vorgeschriebenen Wandabstände zu verdoppeln. Von 250 V ab soll dem Schutz gegen Berührung vermehrte Aufmerksamkeit geschenkt werden (§ 41 a—d u. f)“.

In Räumen mit ätzenden Dünsten dürfen bei Niederspannung außer Kabeln nur blanke Leitungen verwendet werden, die durch einen geeigneten Überzug (Verkleidung oder Anstrich z. B. mit Porzellan-Emaillack) gegen chemische Beschädigung geschützt sind. Hochspannung ist nur bis 1000 V zulässig. Als Leiter sind Kabel vorgeschrieben.

Die letzteren müssen wie die Leitungen für Niederspannung „je nach Art der Dünste gegen chemische Angriffe geschützt sein" (§ 42).

In durchtränkten Räumen ist nur Niederspannung gestattet. Die Leitungen müssen den Vorschriften für feuchte Räume genügen.

Die Fortschritte der Kabeltechnik und die Verbesserung der Maschinen- und Apparatisolation gestatten es heute, auch unter Tage mit sehr hohen Spannungen zu arbeiten. Während bis zur Mitte der neunziger Jahre der Hochspannung der Eintritt in den Bergbau verwehrt blieb, stellte sich in neuerer Zeit, wo man die Elektrizität zur Übertragung großer Kräfte heranzieht, das dringende Bedürfnis nach Steigerung der Spannung ein. Der 1896 ausgeführten 1000 voltigen Anlage auf Zeche Zollverein, einem der ersten Hochspannungsbetriebe unter Tage, sind bei der rasch zunehmenden Verwendung

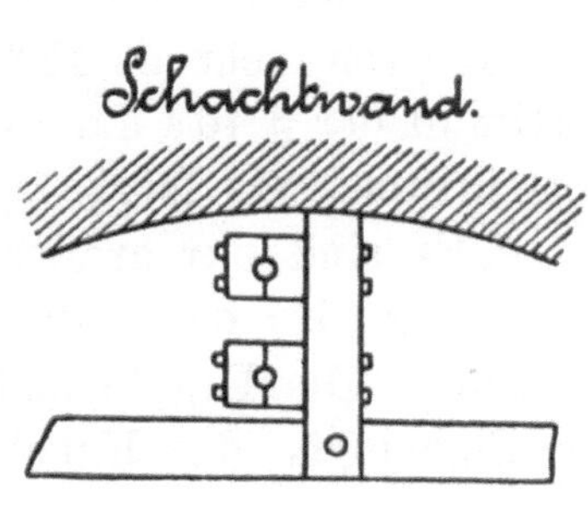

Fig. 84.
Von oben gesehen.

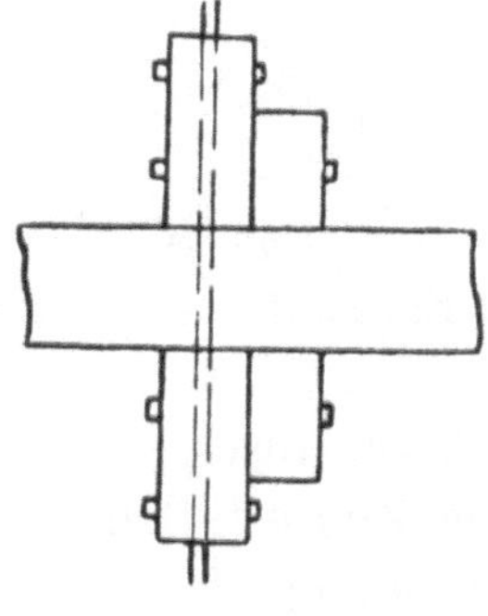

Fig. 85.
Von der Seite gesehen.

Fig. 84 u. 85. Kabelbefestigung in den Schächten.

von Großmotoren unterirdische Übertragungen mit weit höheren Spannungen, 2—3000 V, 5000 V und neuerdings sogar 10 000 V (Zeche Langenbrahm), gefolgt.

Ihren Weg unter Tage finden die elektrischen Leitungen durch Tagesstrecken, Schächte oder dort, wo ein günstiges und nicht zu mächtiges Deckgebirge, wie in Oberschlesien, Lothringen usw., vorhanden ist, auch durch verrohrte Bohrlöcher. Als Schachtleitung finden gewöhnlich Kabel Verwendung, welche zur Erleichterung der Revision in den Fahrtrümern verlegt werden. Zur Befestigung dienen sogenannte „Schellen" (Fig. 84 u. 85), zwei durch Schrauben verbundene Holzklötze.

In England[51] stehen auf einigen Gruben Einrichtungen in Gebrauch, welche eine bessere Isolierung der Kabel ermöglichen als die Schellen. Bei Holliday's

---

[51] Lupton, Parr a. Perkin „Electricity as applied to mines." S. 129.

isolierter Aufhängung (Fig. 86) ist das Kabel an einem eisernen Träger befestigt, welcher seinerseits durch eine gußeiserne Glocke gehalten wird. Die letztere stützt sich mit dem unteren Rande auf einen Gummiring, der auf dem Boden eines Gußeisengefäßes in einer konzentrischen Rinne ruht. Über dem Ring ist die Rinne mit Creosotöl ausgegossen. Das größere Gefäß wird an einem Bügel aufgehängt.

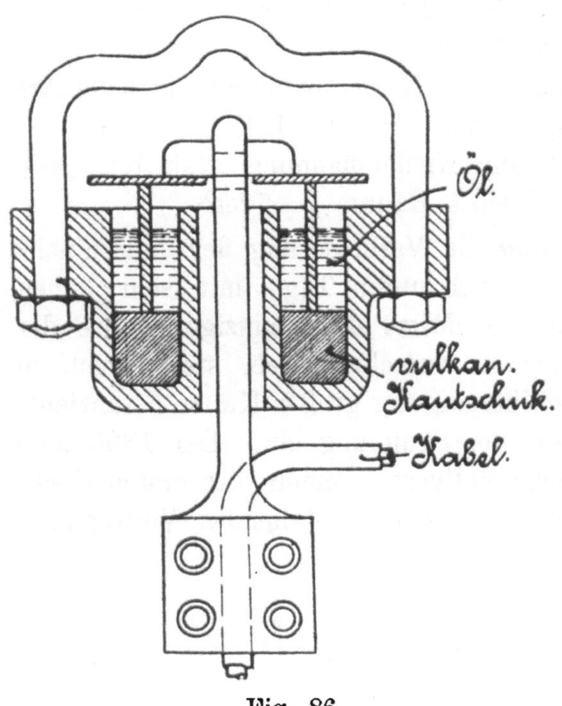

Fig. 86.
Isolierende Kabelaufhängung nach Holliday.

Auf der Middleton Colliery bei Leeds hat man die Einzelkabel im Schacht in der in Fig. 87 u. 88 dargestellten Weise isoliert aufgehängt.

Mit dem Kabel ist durch eine Schelle ein Querstab verbunden, welcher auf zwei Isolatoren ruht.

Bezüglich des Einbaues der Kabel in Schächten und einfallenden Strecken von mehr als 45 ⁰ Neigung bestimmt der § 46 a der Sicherheitsvorschriften, was folgt:

„Es sind nur armierte Kabel zulässig, bei denen die Armatur aus verzinkten Eisen- oder Stahldrähten besteht. Die Drahtarmatur muß genügende Zugfestigkeit haben, um beim Einhängen das Kabel in einer Fabrikationslänge frei tragen zu können.

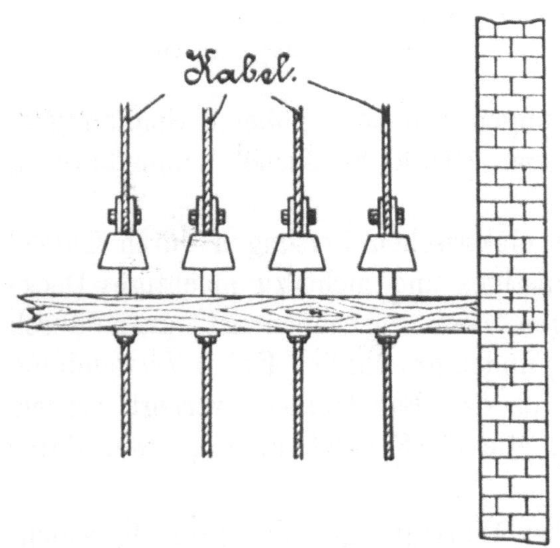

Fig. 87.

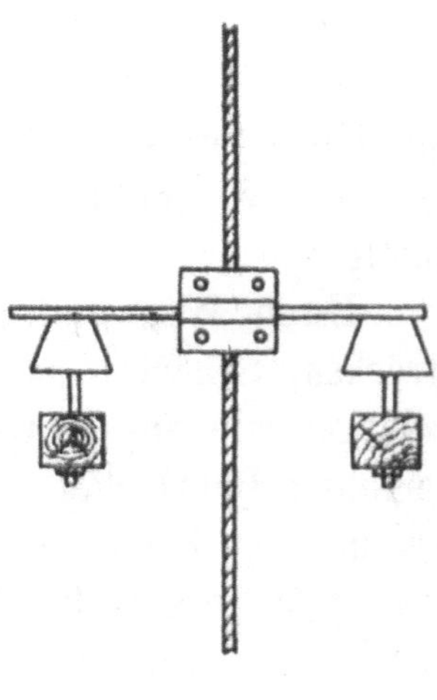

Fig. 88.

Fig. 87 u. 88. Kabelaufhängung auf Middleton Colliery.

Es sind auch Kabel ohne inneren Bleimantel zulässig, vorausgesetzt, daß die den Bleimantel vertretende Hülle diesem an Widerstandsfähigkeit mindestens gleichkommt."

Von dieser Bestimmung macht man oft Gebrauch, indem man zur Verringerung des Kabelgewichtes und damit auch der Stärke der Eisenbewehrung den Bleimantel durch eine innere Schutzhülle aus Gummi oder Ozokerit ersetzt.

„Wenn die Tropfwasser oder die Grubenwetter die Umhüllung stark angreifende Bestandteile enthalten, so müssen die Kabel einen äußeren Bleimantel oder einen anderen geeigneten Schutz gegen die betreffenden chemischen Einflüsse erhalten."

„Die Befestigung des Kabels erfolgt außer in Bohrlöchern mittels breiter Schellen aus imprägniertem Holze in Abständen von nicht mehr als 6 m."

Nach der Hallenser Bergpolizeiverordnung sollen die Schellen aus „feuersichergetränktem Holze" bestehen, einer Bestimmung, der schwer nachzukommen ist.

In verrohrten Bohrlöchern wird man die Kabel, wenn man sie nicht frei hängen lassen kann, am einfachsten durch Sand festlegen, welcher zwischen Rohr und Kabel eingeschlämmt wird und beim Ausbau des Kabels leicht durch Spülung zu entfernen ist.

§ 46a der Sicherheitsvorschriften bestimmt:

„Auf die beim Abteufen und für provisorische Zwecke verwendeten Leitungen finden die obigen Bestimmungen keine Anwendung."

In tiefen Schächten sollte man, soweit es möglich ist, die Abteufkabel, wenn auch in großen Abständen, leicht befestigen, weil beim Freihang leicht ein Scheuern am Schachtausbau oder an den Gesteinswänden erfolgt.

Nach der Wiener Bergpolizeiverordnung (A. IV. 1 a. u. 2) sind „sowohl in Schächten als auch in sonstigen Grubenräumen in der Regel Leitungen mit Gummi- oder Faserisolation und geschlossener Eisenpanzerung zu verwenden. Gepanzerte Kabel mit Faserisolation müssen überdies einen umpreßten Bleimantel erhalten." Während für Schlagwettergruben nur Leitungen dieser Art zugelassen werden, dürfen in „Grubenräumen und Schächten, in welchen jede Gefahr einer Entzündung des Grubenausbaus oder des abzubauenden Mittels ausgeschlossen ist" — das wäre z. B. immer in Schächten mit eiserner Kuvelage der Fall — „auch nicht gepanzerte, auf Glockenisolatoren gespannte Leitungen verwendet werden; dieselben müssen jedoch durch eine zuverlässige isolierende Umhüllung oder durch eine Verschalung oder ein Schutznetz gegen unbeabsichtigte Berührung geschützt werden."

Für Leitungen in horizontalen und mit weniger als 45° einfallenden Strecken schlagwetterfreier Gruben geben die Sicherheitsvorschriften (§ 46 b) folgende Bestimmungen:

„Blanke Leitungen. Es sind blanke Leitungen, soweit sie nicht betriebsmäßig an Erde liegen, nur als Fahrdrähte für elektrische Bahnen zulässig. Wird die Bahnstrecke auch von der Mannschaft befahren, so darf der Fahrdraht der zufälligen Berührung nicht zugänglich sein."

Auch die belgische (Art. 6) und österreichische Bergpolizeiverordnung lassen blanke Leitungen unter Tage nur als Stromzuführungen für Lokomotiven zu, mit vollem Recht, weil sie der Nässe, dem Staub, chemischen Agentien der Grubenluft und Grubenwasser, sowie auch mechanischen Beschädigungen viel mehr ausgesetzt sind als die anderen Leiterarten.

Der zufälligen Berührung entzogen werden kann der Fahrdraht einmal durch die Verlegung in unerreichbarer Höhe, als welche ein derartiger Abstand von der Sohle anzusehen ist, daß der Draht auch nicht mit auf der Schulter

Fig. 89.
Leitungsführung im Karl-Ferdinand-Stollen in Lothringen.

getragenen Gezähen usw. berührt wird. Derartige Stollenhöhen dürften sich abgesehen von dem lothringischen Eisenerzbau (Fig. 89) und dem oberschlesischen Steinkohlenbergbau nur selten finden. In Strecken von geringerer Höhe (nach der österreichischen Vorschrift unter 2,5 m von der Streckensohle bezw. der Schienenoberkante) müssen die Trolleyleitungen durch Schutzverkleidungen der Berührung entzogen werden. Der einfachste Schutz wird dadurch hergestellt, daß man zu beiden Seiten des Fahrdrahtes Latten anbringt, deren Unterkante 4—5 cm unter den Draht herabreicht. Als Stromabnehmer sind dann nur Rollen oder Schleifschuhe verwendbar.

Für die Verwendung und Verlegung isolierter Leitungen in den Grubenbauen bestimmt § 46 c der Sicherheitsvorschriften:

„Isolierte Drahtleitungen dürfen nur verwendet werden bis zu Spannungen von 250 V gegen Erde und 500 V gegeneinander." Sie müssen als Gummiadern ausgebildet sein. „Bei Spannungen von mehr als 500 V gegen Erde muß der Abstand der Leitung vom Erdboden mindestens 3 m betragen."

„Bei geringerer Spannung als 125 V gegen Erde ist Verlegung in geringerer Höhe zulässig, sofern die Leitung gegen Berührung hinreichend geschützt ist."

Von isolierten Leitungen sind also erlaubt:

a. Bis zu 3 m Sohlenabstand Gummiaderdrähte auf Isolierglocken und gleichwertigen Isolatoren, die mit einer Schutzverkleidung versehen sind, für Spannungen bis zu 125 V gegen Erde.

b. Bei größerem Sohlenabstand kann bis zu 250 V Spannung gegen Erde die Schutzverkleidung fehlen.

c. In allen Fällen und bei höheren Spannungen sind nur mehr in Eisen- oder Stahlrohren verlegte Gummiaderdrähte zulässig.

„Die Leitungen müssen auf Isolierglocken oder gleichwertigen Isolatoren (Mantelrollen usw.) verlegt werden und bei Spannweiten von mehr als 6 m mindestens 20 cm, bei Spannweiten von 4 bis 6 m mindestens 15 cm, bei 2 bis 4 m mindestens 10 cm und bei höchstens 1 m Spannweite mindestens 5 cm voneinander und in allen Fällen mindestens 5 cm von der Wand bezw. Decke entfernt sein." Diese Bestimmung ist bereits in die neue Hallenser Bergpolizeiverordnung übergegangen.

„Die Leitungen sind nach der Verlegung mit einem feuchtigkeitsbeständigen, die Isolierung konservierenden Anstrich zu versehen. Der Anstrich ist jährlich zu erneuern."

Als Anstrichmaterial kommt hauptsächlich Steinkohlenteer in Frage. Emaillack und Ölfarbe werden bei längeren Leitungen zu teuer. Gegen Nässe und chemische Einflüsse hat sich die sogen. Hackethalisolation in oberschlesischen Gruben sehr gut bewährt. Sie soll in einigen Fällen sich sogar widerstandsfähiger erwiesen haben als die Gummiisolation. Als Umhüllung dient hierbei ein Gemisch von roter Mennige (4—5 Gewt.) und Leinölfirnis oder gekochtem Leinöl (1 Gewt.). Die Masse wird an der Luft sehr fest und bröckelt nicht, wie man bei ihrer Einführung fürchtete.

§ 46 c S. 4 der Sicherheitsvorschriften: „Außer der vorstehend angegebenen offenen Verlegung ist bei Spannungen bis 250 V gegen Erde auch eine solche in nach Möglichkeit geerdeten Eisen- oder Stahlröhren zulässig, wobei die obigen Vorschriften über Abstand der Leitungen usw. nicht zu berücksichtigen sind. In feuchten Räumen ist für entsprechend gute Abdichtung der Rohre Sorge zu tragen, und die Stoßstellen sind elektrisch leitend zu überbrücken."

Die belgische Bergpolizeiverordnung (Art. 6 Abs. 2) läßt isolierte Leitungen nur zu, wenn sie durch eine gegen Rost unempfindliche, also verzinkte oder verbleite Umkleidung aus Eisen oder Stahl geschützt werden.

Ferner bestimmt sie in den Art. 8 bezw. 9:

„Mit Ausnahme der konzentrischen Kabel sind die isolierten Leitungen für den Hin- und Herweg voneinander getrennt zu halten. Es sind Maßnahmen zu treffen, um die Berührung der isolierten Leitungen in völlig sicherer Weise zu verhindern."

Die Zweckmäßigkeit dieser letzteren Anordnung, welche z. B. die von den deutschen Vorschriften zugelassene Verlegung mehrerer Leitungen eines Stromkreises in einem Rohre verbietet, kann nicht anerkannt werden. Die Anordnung verschiedenpoliger Leitungen in getrennten Metallschutzhüllen verursacht erhöhte Kosten; auch wäre in sicherheitlicher Beziehung damit nichts gewonnen. Die geeignete Verlegung und Beaufsichtigung von zwei oder drei verschiedenen Leitungen ist viel schwerer durchzuführen als die einer. Auch würde in dem Falle, daß Strom zugleich aus zwei Leitungen auf die Schutzhülle austräte, bei der Vereinigung aller Leiter in derselben Hülle ein Kurzschluß nur innerhalb der letzteren entstehen, während bei dem Vorhandensein getrennter Leitungen die beiden voneinander isolierten Schutzhüllen verschiedenes Potential annehmen und dadurch gefährlich werden.

Die Installation von Einzelleitungen wird auch die Bildung von Ladungsströmen in den Schutzröhren befördern.

Die österreichische Bergpolizeiverordnung verlangt nur, daß „die Hin- und Rückleitung des Stromes, ausgenommen gepanzerte Mehrfachkabel und biegsame Leitungen, stets in einem entsprechenden Abstande" geführt werden. Des weiteren bestimmt sie, daß die unumgänglich notwendigen kurzen Verbindungsleitungen zwischen Kabeln, Motoren, Umformern und sonstigen Vorrichtungen zum mindesten gummiumpreßt und geklöppelt, sowie durch eiserne Rohre oder Schutzbleche von mindestens 1,5 mm Stärke gegen mechanische Verletzungen gesichert sind. Ferner müssen in Grubenbauen, für welche Sicherheitsgeleuchte vorgeschrieben ist, biegsame Leitungen zum Anschluß an transportable Motoren, wenn sie nicht umgangen werden können, mindestens Gummiaderisolation besitzen und durch eine biegsame spiralige Drahtpanzerung gegen mechanische Verletzungen geschützt sein.

Bei gleicher Widerstandsfähigkeit gegen mechanische Beschädigungen besitzen die Kabel vor den mit Schutzröhren bewehrten isolierten Leitungen den Vorzug, daß sie biegsam sind und sich deshalb den Streckenverhältnissen leichter anpassen. Auch stören sie weniger bei Reparaturarbeiten als die starren Rohrleitungen. Zudem lassen sich größere Leitungsstrecken leichter ausbauen.

Bezüglich der Verwendung der Kabel in schlagwetterfreien Strecken bestimmen die Sicherheitsvorschriften (§ 46 d, S. 1—4):

„Bei einer Spannung von 125 bis 500 V zwischen zwei Leitungen und geringerer Höhenlage der Leitung als 3 m, sowie bei höherer Spannung als 500 V und beliebiger Höhenlage sind armierte Kabel zu verwenden. Das Kabel muß entweder asphaltiertes Bleikabel sein, oder es muß eine in Bezug auf chemische Einflüsse gleich widerstandsfähige Umhüllung haben. Bei

Befestigung der Kabel ist darauf zu achten, daß das Kabel nicht beschädigt oder verdrückt wird. Soweit es sich um Befestigung an Wänden oder Decken handelt, dürfen die Abstände der Befestigungspunkte voneinander höchstens 3 m betragen."

Die Aufhängung der Kabel in Strecken erfolgt gewöhnlich an den Seitenstößen in möglichst großem Abstande von der Sohle (Fig. 90). Dort sind sie gegen mechanische Beschädigungen durch entgleisende Wagen und Steinfälle weitgehend gesichert.

Fig. 90.
Kabelaufhängung in einer Strecke.

§ 46 d, S. 5: „In Strecken, die unter einem starken Gebirgsdruck stehen, ist eine bewegliche Aufhängung der Kabel zulässig, die so beschaffen sein muß, daß dadurch Beschädigungen der Kabel nicht verursacht werden."

Zur beweglichen Aufhängung der Kabel werden in englischen Gruben[52] u. a. die in den Figuren 91 u. 92 veranschaulichten Vorrichtungen verwandt.

Bei der Ausführung (Fig. 91) dient als Träger des Kabels ein Drahtseil, das an der Zimmerung befestigt wird. An dem Drahtseil hängt ein Doppelhaken, in dessen unterem Bogen die Leitung befestigt wird. Fig. 92 gibt die Abbildungen der Fußplatte (rechts) und des Querschnittes sowie die Seitenansicht eines Isolators, der mit zwei Öffnungen zur Aufnahme von einzulegenden Kabeln versehen ist. Auf einfachere Weise wird derselbe Zweck erreicht,

---

[52] Lupton, Parr a. Perkin „Electricity as applied to mines".

indem man die Kabel an Drähten oder noch besser in Gummi- oder Lederschlaufen an der Zimmerung aufhängt.

Für besonders druckhafte Ränme verlangen die österreichischen Vorschriften, daß, „sofern mit Rücksicht auf Entzündungsgefahr des Grubenausbaues

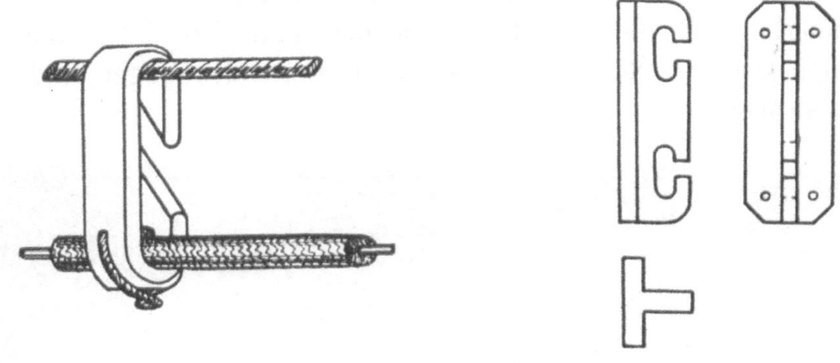

Fig. 91.   Fig. 92.

Träger für bewegliche Kabel.

oder des abzubauenden Mittels gepanzerte Kabel anzuwenden sind, diese Kabel mindestens 15 cm in die Sohle verlegt werden."

Das Eingraben, womöglich noch etwas tiefer als 15 cm, etwa 30 cm, stellt zwar unbestritten den sichersten Schutz der Leitung gegen Steinfälle dar, wird sich aber bei felsiger Sohle nur schwer ausführen lassen. Stehen

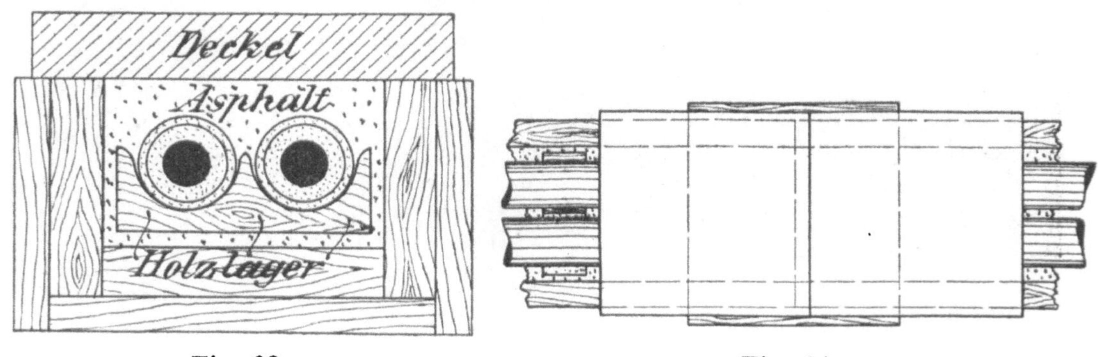

Fig. 93.   Fig. 94.

Querschnitt   Obere Ansicht

der Kabellutte eines englischen Steinkohlenbergwerkes.

saure Wasser in der Sohle, so könnte auf die Dauer die beste Schutzhülle durchfressen werden. In quellendem Gebirge hat man auch mit starker mechanischer Beanspruchung des Kabels zu rechnen. Beim Nachreißen der Sohle ist ein jedesmaliges Umlegen des Kabels erforderlich. Bei den Gesteinsarbeiten besteht die Gefahr, daß das Kabel durch Gezähehiebe beschädigt wird, selbst dann, wenn eine dauernde Kennzeichnung des Verlaufs der Leitung etwa durch eingeschlagene Pfähle ausgeführt ist. Daß aber außerdem Isolationsfehler des Kabels durch die Erddecke hindurch gefährlich werden können, wurde in England beobachtet.[53]

---

[53] Zeitschrift für Elektrotechnik und Elektrochemie. 1894. S. 275.

Stehen dem Eingraben die erwähnten Hindernisse entgegen, so sollte man es auch in druckhaften Strecken vorziehen, das Kabel auf der Sohle oder an den Stößen zu verlegen und, wenn notwendig, durch starke Holzlutten, eiserne Schienen oder Röhren zu schützen.

In England gießt man die Holzlutten noch mit Asphalt aus und verlegt die Kabel in ausgekehlte Holzlager (Fig. 93 u. 94). Diese Anordnung gewährt einen weitgehenden Schutz gegen mechanische Beschädigungen. Der Asphalt wirkt als Isoliermittel einem Stromaustritt entgegen, bereitet aber bei einer Umlegung der Leitung beträchtliche Schwierigkeiten.

In den Sicherheitsvorschriften ist noch die ungeschützte Verlegung stationärer Kabel auf der Sohle ausdrücklich verboten und die Erdung der Kabelarmatur angeordnet (§ 46d).

Biegsame Leitungen zum Anschlusse von Bohrmaschinen, fahrbaren Pumpen usw. sind vermehrt mechanischen Beschädigungen durch Steinfall, Gezähehiebe usw. ausgesetzt. Auch kann sich das innere Gefüge der Leitungen bei dem häufigen Auf- und Abwickeln, namentlich bei zu dünnen Trommeln, verändern, sodaß eine Verletzung der Leitcrisolation eintritt und Kurzschluß entsteht. Dem wollen die Sicherheitsvorschriften durch folgende Bestimmungen vorbeugen (§ 46e).

„Biegsame Leitungen zum Anschluß beweglicher Apparate dürfen nur bei Spannungen bis 500 V zwischen zwei Leitungen Verwendung finden und müssen den Forderungen des § 8c (gepanzerte Stromleitungen) der Abteilung I Niederspannung genügen, oder eine mindestens gleichwertige Umhüllung erhalten. Werden solche Leitungen auf Trommeln aufgewickelt, so ist der Durchmesser so groß zu wählen, daß die Umwicklung auch bei häufigem Auf- und Abwickeln nicht beschädigt wird.“

Die Wiener Bergpolizeiverordnung verlangt, „daß biegsame Arbeitsleitungen mit einem entsprechenden Schutzschlauch versehen sind“.

Nach den deutschen Vorschriften haben die Abzweigungen von den Hauptkabeln möglichst an Verteilungstafeln zu erfolgen; jede Abzweigung ist in allen Polen zu sichern und abschaltbar zu machen (§ 46 f. 3).

§ 46 k: „Blanke Leitungen sind nur zulässig, wenn sie betriebsmäßig geerdet sind und nicht zur Stromabnahme durch schleifende oder rollende Kontakte dienen“. Diese Vorschrift richtet sich in erster Linie gegen die Trolleyleitungen der Lokomotiven, welche durch die Vorschriften für die schlagwetterfreien Gruben allein von blanken Leitungen unter Tage zugelassen sind.

Daß die starken Funken, welche bei der Stromabnahme von der Trolleyleitung entstehen, unzweifelhaft Grubengas entzünden, beweist ein Unfall, welcher sich in diesen Tagen — merkwürdigerweise in einem Erzbergwerk — und zwar in dem Hilfsstollen der staatlichen Bleigrube zu Breth bei Raibl in Kärnthen ereignete. An einem Sonntage sammelten sich, infolge unzulänglicher Wetterführung, Kohlenwasserstoffe im Stollen an, welche bei der Einfahrt der Frühschicht am Montag Morgen durch die Funken der Lokomotive zur Explosion gebracht wurden. Von 11 Arbeitern erlitten 9 leichtere Brandwunden.

Dieser Fall ist als Ausnahme anzusehen, da bei normaler Wetterführung eine Explosionsgefahr in den von Lokomotiven befahrenen Strecken nicht vorhanden ist und diese nach den deutschen Vorschriften gewöhnlich als schlagwetterfreie Räume betrachtet werden können. Das Oberbergamt Dortmund hat in richtiger Würdigung dieses Umstandes mehrere Lokomotivförderungen auf Schlagwettergruben gestattet (z. B. auf den Zechen Maria Anna und Engelsburg), bei denen sich die Lokomotiven nur im einziehenden Strome bewegen. Die Zuverlässigkeit des schlagwettersicheren Stromabnehmers D. R. P. 89 879[54]) wäre erst durch Versuche festzustellen.

Die belgische Polizeiverordnung bestimmt bezüglich der Leitungen in Schlagwettergruben:

Art. 7. „Mit Ausnahme der Kabel, die vorher als völlig sicher in Schlagwettergemischen anerkannt sind, dürfen Leitungen nur in denjenigen Schächten, Füllörtern, Räumen und Strecken angebracht werden, die mit einem frischen, noch vor keinem Arbeitsort vorbeigeführten Wetterstrom versorgt sind, und zu denen kein Zuströmen von Schlagwettern zu befürchten ist.“

Aus dem Begleitbericht der belgischen Kommission geht hervor, daß unter den Kabeln, „die vorher als völlig sicher in Schlagwettergemischen anerkannt sind“, die »Sicherheitskabel« von Atkinson, Nolet und Charleton verstanden sind. Diese Spezialkonstruktionen sollen verhindern, daß bei einem durch Brüche usw. erfolgten Riß des Kabels eine Funken- oder Lichtbogenbildung zwischen den getrennten Enden entsteht.

Bei dem Grubensicherheitskabel der Gebrüder Atkinson (Fig. 95), das in

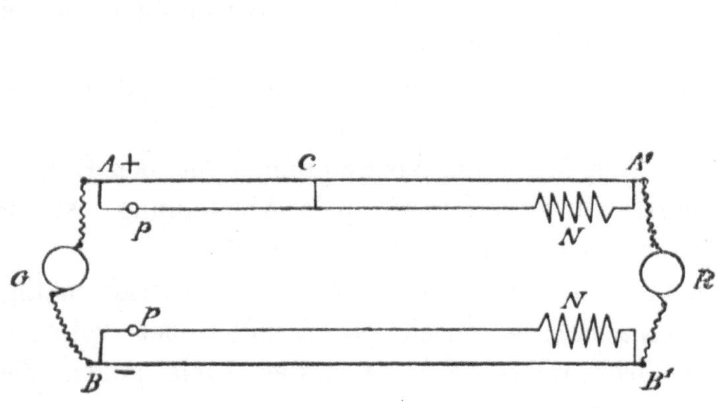

Fig. 95.

Schaltanordnung des Sicherheitskabels der Gebrüder Atkinson.

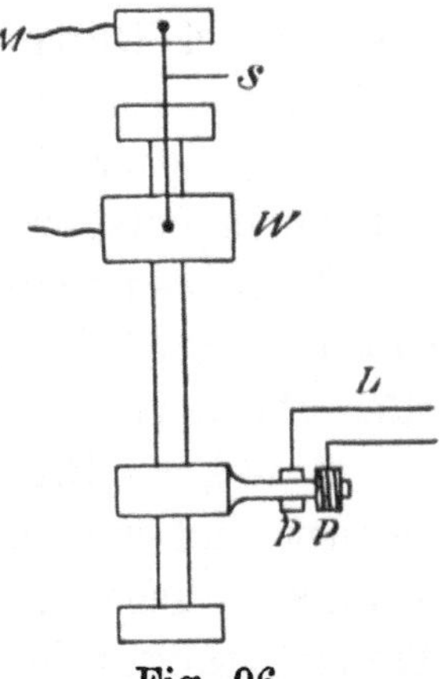

Fig. 96.

Ausschaltvorrichtung des Atkinsonskabels.

verschiedenen englischen Kohlengruben in Betrieb stehen oder gestanden haben soll, sind A B Pole der Dynamo, $A_1 B_1$ Pole des Motors. Jeder dieser Pole ist mit dem korrespondierenden durch eine Doppelleitung, bestehend aus den Hauptleitern $A A_1$ und $B B_1$ und zwei parallelen Nebenleitern, verbunden. In den Stromkreis der letzteren sind die Schmelzsicherungen P eingeschaltet. Bricht nun

---

[54]) Glückauf 1902, S. 133.

einer der Hauptleiter, so wird der ganze Strom durch den Nebenleiter geleitet. Dadurch kommt die Bleisicherung S (Fig. 96) zum Durchbrennen und bringt dabei ein von ihr festgehaltenes Gewicht W zur Auslösung, welches an einer Führungsstange herabgleitet und durch den Schalter PP den Strom unterbricht.

Durch das Einschalten der Widerstände NN (Fig. 95) in den Nebenleiter wird erreicht, daß auch eine plötzliche Stromunterbrechung ohne Funken vor sich geht.

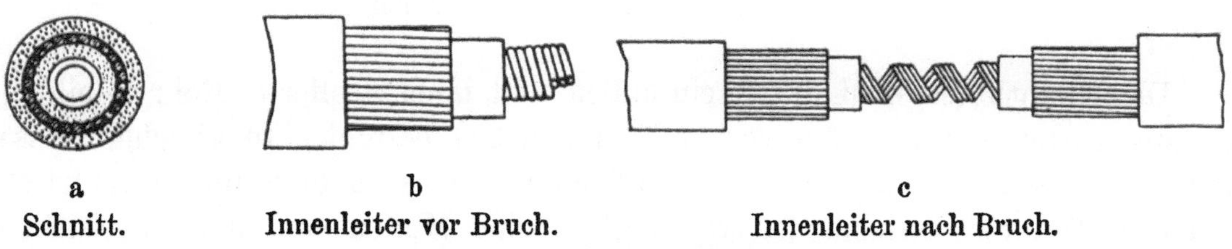

Fig. 97. Kabel der Gebrüder Atkinson.

Um zu verhindern, daß die beiden Leitungen zu gleicher Zeit reißen, haben die Atkinsons dem Innenleiter, welcher die Seele des Kabels bildet, eine spiralische Gestalt gegeben (Fig. 97).

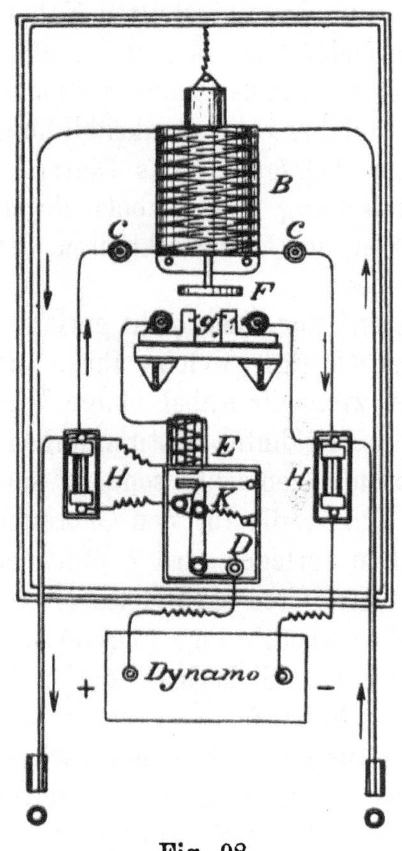

Fig. 98.

Schalteinrichtung für das Sicherheitskabel von Charleton.

Wird das Kabel von einem Steinfall getroffen, so brechen zunächst die Drähte des Hauptleiters, während die Nebenleiterspirale sich ausdehnen kann.

Dem gleichen Zweck soll der in Fig. 98 dargestellte Apparat von Charleton dienen, welcher ebenfalls mit einem Haupt- und Nebenleiter arbeitet. Beide sind, wie bei dem Kabel der Atkinsons, zu einem konzentrischen Kabel vereinigt. Als wesentlicher Teil dieser Konstruktion ist das aus zwei entgegengesetzt gewickelten Spulen bestehende Solenoid B zu bezeichnen (Fig. 98). Die eine der Spulen liegt in dem Stromkreise des Haupt-, die andere in dem des Nebenleiters.

Sie sind so bemessen, daß sich ihre Wirkungen in normalem Betrieb gegenseitig aufheben. Kommt jedoch eine der Leitungen zum Bruch, so wird das Gleichgewicht gestört und der Eisenkern angezogen; dabei schaltet das Kontaktstück F einen Elektromagneten E ein, dessen Anker K in die Höhe geht und durch den mit ihm verbundenen Winkelhebel die Unterbrechung bewirkt. Die Sicherungen H und H_1 schützen die Dynamomaschine vor allzugroßer Belastung.

Im Falle einer starken mechanischen Einwirkung soll der Mitteldraht reißen, ehe der spiralig angeordnete Hauptleiter eine größere Spannung erhält.

Auch bei der Kabelkonstruktion Nolet - Cockerill (Fig. 99) kommt ein Haupt- und ein Hilfsleiter zur Verwendung.

Fig. 99.
Leiter des Sicherheitskabels von Nolet.

Der Hauptleiter wird durch ein außen und innen isoliertes Rohr gebildet, das aus kurzen durch Muffen verbundenen Stücken besteht. In gleicher Weise sind die einzelnen Teilstrecken des Hilfsleiters, eines in dem Rohre zentrisch isolierten Drahtes, miteinander vereinigt. Seine Muffen sind aber wesentlich kürzer als die des Hauptleiters. Tritt bei einem Steinfalle eine Durchbiegung des Kabels ein, so kommen die kurzen Muffen des Hilfsleiters infolge der seitlichen Verschiebung eher außer Kontakt als die längeren des Hauptleiters. Durch das Stromloswerden des Hilfsleiters werden zwei am Ausgangsende des Stromkreises aufgestellte Magnetausschalter betätigt.

Abgesehen davon, daß eine brauchbare Ausführung des unterteilten Kabels und sein sicheres Funktionieren bei längerer Verwendung zu den technischen Unmöglichkeiten gehört, wird bei ihm ebensowenig wie bei den Konstruktionen von Atkinson und Charleton der zunächstliegenden Gefahr, einer Funkenbildung beim Kurzschlusse zwischen Haupt- und Nebenleiter, begegnet. Das Eintreten eines derartigen Kurzschlusses bei einer Zerquetschung des Kabels durch Steinfall ist aber viel wahrscheinlicher als der von den Konstrukteuren der Sicherheitskabel angenommene Fall eines Drahtrisses.

Deshalb besitzen diese „Sicherheitskonstruktionen" nur einen recht geringen Wert, der keineswegs die bevorzugte Stellung rechtfertigt, welche ihnen die belgische Verordnung einräumt. In Belgien sollen zwar die Kabel einige Verwendung gefunden haben, wohl mit Rücksicht auf die erwähnten Bestimmungen; in Deutschland hat man von ihnen keinen Gebrauch gemacht, sondern sich auf den viel richtigeren Standpunkt gestellt, die Kabel, die für den Gebrauch unter Tage bestimmt waren, so zu bewehren und zu verlegen, daß gefährliche Beschädigungen ausgeschlossen waren; denn es „bieten", so sagt Heise[55] mit vollem Recht, „gewöhnliche Kabel bei sachgemäßer Ausführung, Legung und genügender Beaufsichtigung einen sehr hohen Grad von Sicherheit, der wohl ausreichend genannt werden dürfte". Es stehen der Verlegung bewehrter, den Sicherheitsvorschriften entsprechender isolierter Leitungen und Kabel auch in Strecken, wo Schlagwetter auftreten, keine Bedenken entgegen; auch kann durch eine sachgemäße Ausführung der Leitung ein vollkommener Schutz gegen die Berührungs- und Brandgefahr erzielt werden.

Um eine Möglichkeit zu geben, bei der Vornahme von Reparaturarbeiten und besonders auch im Falle eines Unfalles den Strom rasch ausschalten zu können, bestimmt die Wiener Berg-Polizeiverordnung A. I.:

---

[55] Glückauf 1898, S. 592.

„Jeder Verbrauchsstromkreis ober- oder untertags muß innerhalb oder knapp beim Eingange der von ihm versorgten Räumlichkeiten in allen Polen ausschaltbar sein; die Ausschalter müssen an jederzeit (insbesondere auch während des Betriebes) leicht erreichbaren Stellen angebracht sein."

Für diesen Zweck empfehlen sich die sogenannten Trennschalter, welche die Fig. 100 u. 101 in zwei verschiedenen Ausführungsformen zeigen. Die Trennschalter bieten den besonderen Vorteil, daß die Verbindungsstücke für die Dauer der Ausschaltung von der aufsichtsführenden Person zu sich genommen werden können, wodurch eine versehentliche Wiedereinschaltung ohne Vorwissen des

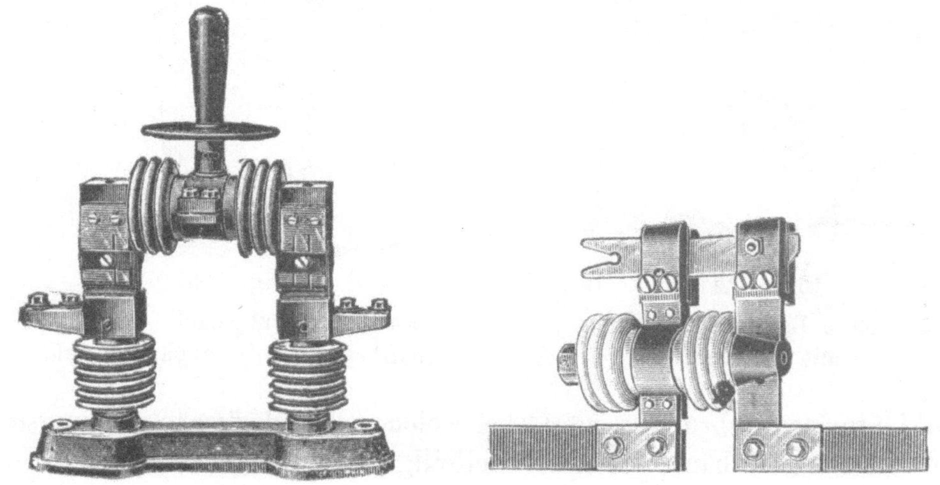

Fig. 100.   Fig. 101.

Trennschalter für Sammelschienen.

Von Voigt & Häffner, A.-G., Frankfurt a. M.

Aufsehers unmöglich gemacht wird. Dieselbe Wirkung läßt sich bei den geschlossenen Bergwerksschaltern (Fig. 40 S. 73) durch Entfernung des Drehschlüssels erreichen.

Gegen die Berührungs- und Explosionsgefahr richtet sich die Bestimmung des Absatzes II. d der österreichischen Verordnung:

„Die Anschlüsse transportabler Motoren sind derart auszuführen, daß ein Ausschalten der Motoren bezw. Unterbrechen des geschlossenen Stromkreises mit diesen Anschlüssen unmöglich ist; das Ein- und Ausschalten der Motoren darf nur mittels besonderer Apparate erfolgen.

Nicht benützte Anschlüsse sind versperrt zu halten."

Bei der Verwendung von Steckkontakten, welche meistens zum Anschluß der kleineren Motoren für Bohrmaschinen, Ventilatoren usw. benutzt werden, sind auch durch die deutschen Vorschriften in den besonderen Bestimmungen für Schlagwettergruben Sicherheitskonstruktionen vorgeschrieben, welche einen Anschluß des Steckers unter Strom unmöglich machen. Derartig verblockte Steckkontakte werden u. a. von den Siemens-Schuckertwerken hergestellt.

Recht praktisch erscheint die weitere Bestimmung der Wiener Bergpolizeiverordnung (B. X):

„Elektrische Leitungen in der Grube sind außer der Betriebszeit durch Ausschalten stromlos zu machen."

In den Betriebsräumen von Bergwerken wird man sowohl über als auch ganz besonders unter Tage ein besonderes Augenmerk auf die wasser- und luftdichte Einführung der Leitungen in die Motor- und Apparatgehäuse zu richten haben. Dieser Sicherheitsbedingung wird in einfachster Weise durch die von einer englischen Firma herrührende Konstruktion (Fig. 102) einer luft-

Fig. 102.
Luftdichte Leitungseinführung
mit Klemme.

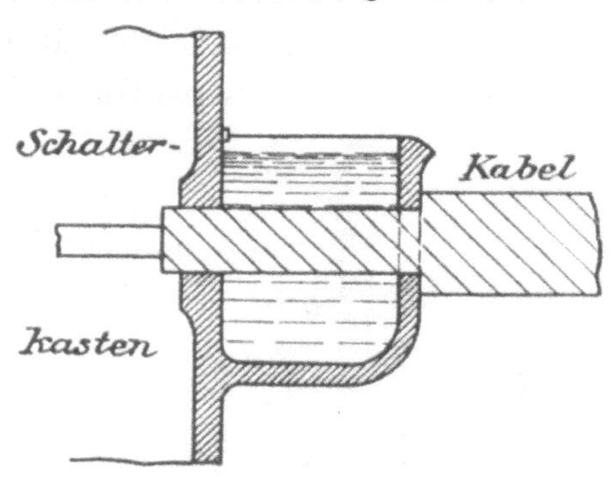

Fig. 103.
Kabeleinführungsstelle eines
Schaltkastens mit Asphaltumguß.

dichten Leitungseinführung genügt, bei welcher der elastische Leitungsmantel zwischen eine am Gehäuse sitzende zweiteilige Klemme gepreßt wird. Sicherer erscheint der Ausguß der Einführungsstelle (Fig. 103) mit Asphalt oder einer elastisch bleibenden Harzmasse („Compoundmasse" usw.). Die Stopfbüchsenabdichtung (Fig. 104 u. 105) entspricht allen Anforderungen der Sicherheit

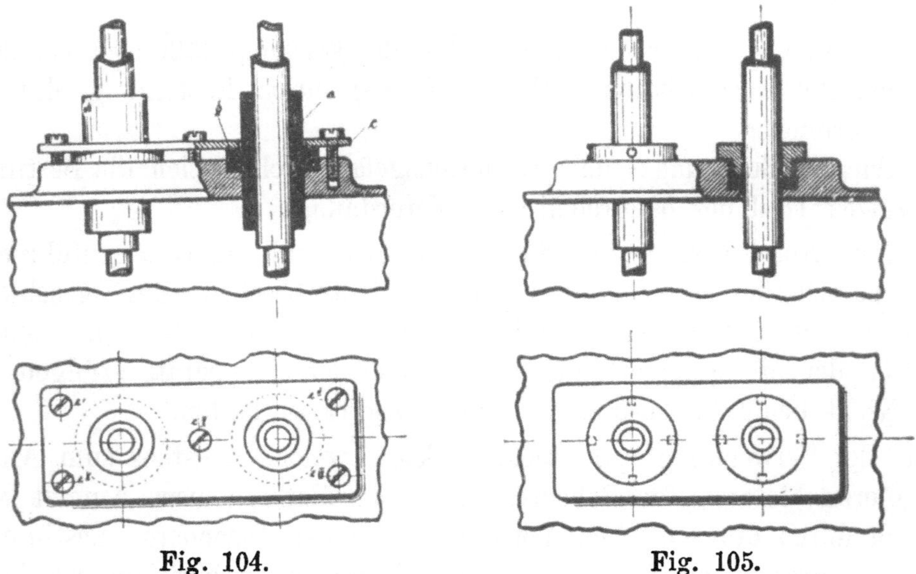

Fig. 104.   Fig. 105.
Stopfbüchseneinführung von Leitungen.
Ausgeführt von Voigt & Häffner, A.-G., Frankfurt a. M.

und gewährt außerdem den Vorteil, daß die Aufstellung und Demontage der angeschlossenen Apparate leichter ist wie beim Harzumguß.

Die elektrische Beleuchtung.

Da die Beleuchtungsapparate gewöhnlich nur mit niedrigen Spannungen betrieben werden, galt ihre Berührung lange als ungefährlich, bis einige tödliche Unfälle an Bogen- und Glühlampen, darunter einer auf Zeche Concordia, wenigstens hinsichtlich des Wechselstroms und feuchter und durchtränkter Räume das Gegenteil bewiesen.

Die deutschen Sicherheitsvorschriften widmen der Beseitigung der Berührungsgefahr an Lampen eine ganze Reihe von Vorschriften.

Die Fassungen der Glühlampen dürfen nur für Spannungen bis zu 250 V mit Ausschaltern versehen werden (§ 19 c); bei höheren Spannungen könnte bei den Manipulationen an den Ausschaltern, welche eine sehr gedrängte Konstruktion haben müssen, eine Berührungsgefahr entstehen. Die Maximalspannung ist aus demselben Grunde für zugängliche Beleuchtungskörper auf 600 V (§ 35 k) festgesetzt. In Bergwerken ist die Verwendung einer höheren Spannung gegen Erde als 250 V durch Hintereinanderschaltung von Glühlampen nur bei solchen Stromkreisen zulässig, welche ihren Lichtstrom von einer Bahnleitung (bei Lokomotivförderung) entnehmen (§ 46 h. S. 3).

Außerdem muß nach § 35 e bei mit Hochspannung arbeitenden und in Serien geschalteten Glüh- oder Bogenlampen in oder neben diesen „eine Vorrichtung angebracht werden, welche im Falle, daß die Lampe erlischt, dafür sorgt, daß an den Zuführungskontakten selbst keine Spannungszunahme von mehr als 100 pCt. auftritt." Die unter Spannung stehenden Teile der Lampen müssen, soweit sie der zufälligen Berührung zugänglich sind, isoliert sein (§ 19 d). Die stromführenden Teile der Glühlampenfassungen sind durch eine Umhüllung, welche nicht unter Spannung gegen Erde stehen darf, vor Berührung zu schützen. „Die etwa vorhandenen metallischen Außenteile von Glühlampenarmaturen müssen bei Hochspannung geerdet oder so angebracht sein, daß sie nur mittels besonderer Hilfsmittel, wie Leiter usw., zugänglich sind" (§ 35 d).

Die unter Tage verwandten Bogenlampen sollen während des Betriebes der zufälligen Berührung entzogen sein und dürfen während der Bedienung nicht unter Spannung stehen (§ 46 i S. 2).

Alle Bogenlampen sind nach den §§ 20 a und 35 a gut isoliert in die Laternen (Gehänge, Armaturen) einzusetzen und diese, sofern sie aufgehängt sind, von Erde zu isolieren.

Bei Hochspannung muß „die Lampe entweder gegen das Aufzugseil und, wenn Metallmasten benutzt sind, auch gegen den Mast doppelt isoliert sein, oder Seil und Mast sind zu erden." Bei Spannungen von mehr als 1000 V müssen diese beiden Vorschriften gleichzeitig befolgt werden. Stromführende Teile von Bogenlampen müssen gegen den Mast doppelt isoliert und gegen Regen geschützt sein.

Bogenlampen müssen während des Betriebes unzugänglich und von Abschaltvorrichtungen abhängig sein, welche gestatten, sie für den Zweck der Bedienung spannungslos zu machen (§ 35 b u. c).

Für Bogen- und Glühlampen gilt die Bestimmung des § 20 d: „Soweit die Zuleitungsdrähte in den Gebrauchslagen der Lampe der Berührung zugänglich sind, müssen sie isoliert sein."

Gegen das Eindringen von Feuchtigkeit oder Staub, das einen Stromaustritt verursachen könnte, richten sich die Bestimmungen der §§ 20 c und 46 h, 2—3. In dem ersteren wird für die Lampen und Laternen von Bogenlicht eine derartige Anordnung gefordert, daß sich in ihnen kein Wasser ansammeln kann, insbesondere müssen die Einführungsöffnungen für die Leitungen

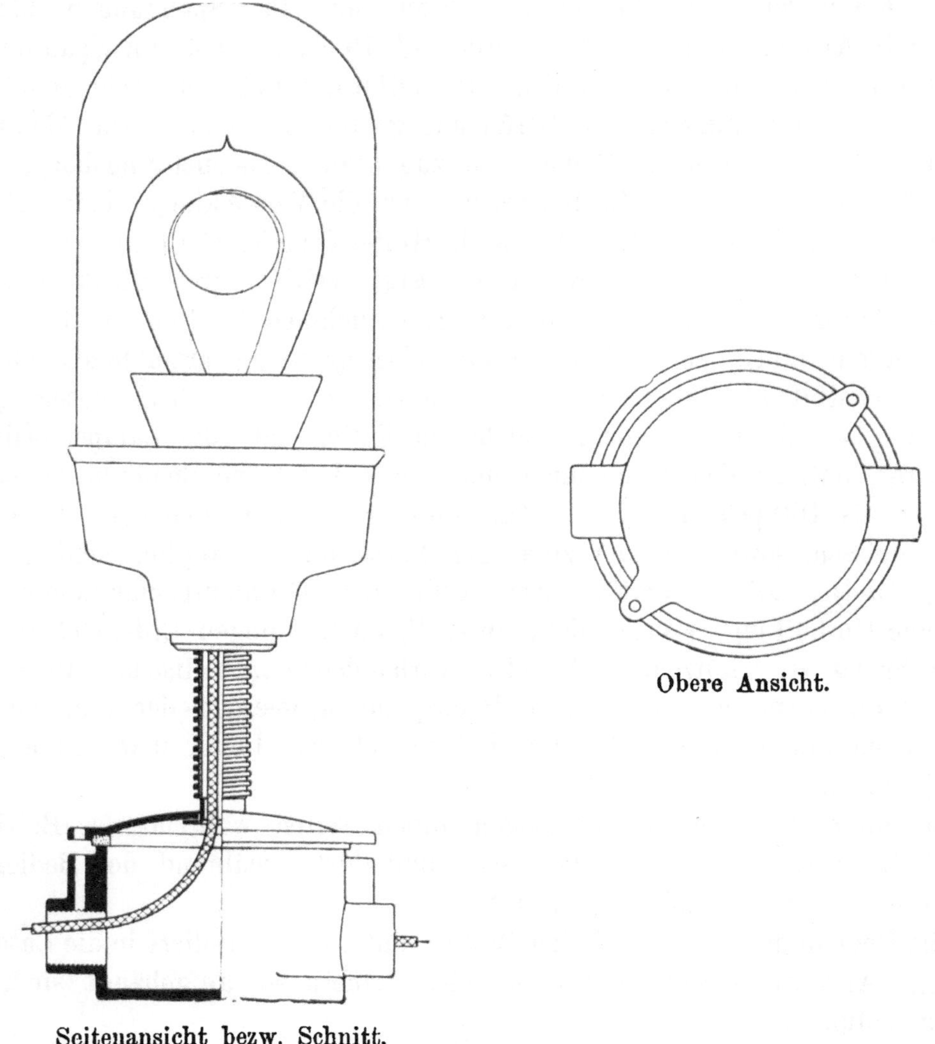

Fig. 106.

Elastische Aufhängung von Glühlampen, ausgeführt von den Bergmanns Elektrizitätswerken, A.-G., Berlin.

so beschaffen sein, daß sie kein Wasser eindringen lassen. Für Bergwerke wird im § 46 bezüglich der Glühlampenarmaturen folgendes vorgeschrieben:

h 1. „Glühlampen dürfen nur mit dicht schließenden Überglocken, die auch die Fassung umschließen, verwandt werden. Wo die Entfernung bis zur Sohle weniger als 2 m beträgt, müssen die Überglocken noch durch einen Schutzkorb aus Drahtgeflecht gegen mechanische Beschädigungen geschützt sein."

Bei Spannungen über 250 V ist der Schutzkorb zu erden. Dann dürfen die Lampen auch nicht unter Spannung ausgewechselt werden (§ 46 h. 3).

Einen dem Drahtkorb gleichwertigen Schutz gegen mechanische Beschädigungen gewährt die elastische Aufhängung (Fig. 106), welche speziell für Bergwerkszwecke ausgeführt wird. Bei ihr sind die obere Anschlußdose und der Lampenkörper durch einen metallbewehrten Gummischlauch verbunden. Die Schutzglocke und die porzellanene Fassung sind sehr kräftig gehalten und widerstehen auch heftigen Schlägen, weil sie der Wucht derselben infolge der elastischen Verlagerung ausweichen können. Vor dem Drahtschutzkorb bietet diese Anordnung den Vorteil, daß das Licht nicht durch die Schutzstäbe unterbrochen wird. Die Figur 107 stellt eine sehr zuverlässig abgedichtete Fassung für die Verwendung in feuchten Räumen dar, bei der die halbkreisförmigen Einführungskanäle für

Fig. 107.
Wasserdichte Porzellanfassung, ausgeführt von der Firma Adolf Schuch in Worms.

die Leitungen mit einer Harz- oder Pechmasse ausgegossen werden. Der innere zylindrische Körper, der ebenfalls aus Porzellan besteht, nimmt die Glühlampe, der äußere, mit einem Innengewinde versehene die gläserne Schutzglocke auf. Wird die Abdichtung der letzteren gegen das Porzellangehäuse durch Gummidichtungsringe vervollkommnet, so kann diese Fassung auch vollen Anspruch auf Schlagwettersicherheit machen, umsomehr, als Funkenbildungen in der Fassung nicht auftreten.

Eine ähnliche Anordnung weist der porzellanene Leitungsanschluß für Beleuchtungskörper (Fig. 108) auf. Er läuft an der unteren Seite in eine Glocke aus, in welcher der zur Aufnahme der Leitung dienende Metallflansch, geschützt gegen das

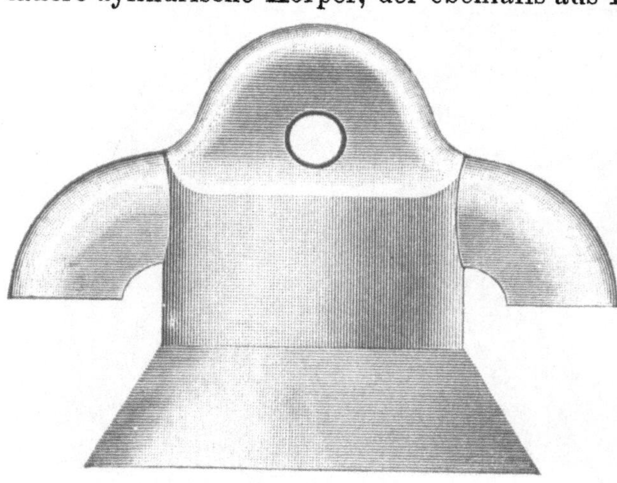

Fig. 108.
Porzellanener Leitungsanschluß mit Flansch.
Ausgeführt von der Firma J. Carl in Jena.

Tropfwasser, mittels Schrauben befestigt wird.

Besonders hohe Anforderungen hinsichtlich der Wasserdichtheit und auch des mechanischen Schutzes der Lampen und ihrer Armaturen sind bei den

Beleuchtungskörpern zu stellen, welche die Schachtsohle beim Abteufen erhellen sollen. Als Muster einer zweckentsprechenden Ausführung sei die Sonderausführung einer aus 12 Glühlampen bestehenden Abteufbeleuchtung in Fig. 109 vorgestellt. Die einzelnen Glühlampen sind in wasserdichten Fassungen und Schutzglocken verlagert und an dem konvexen Reflektor befestigt, welcher das Licht auf das Schachttiefste verteilt. Die Verbindungen der Leitungen

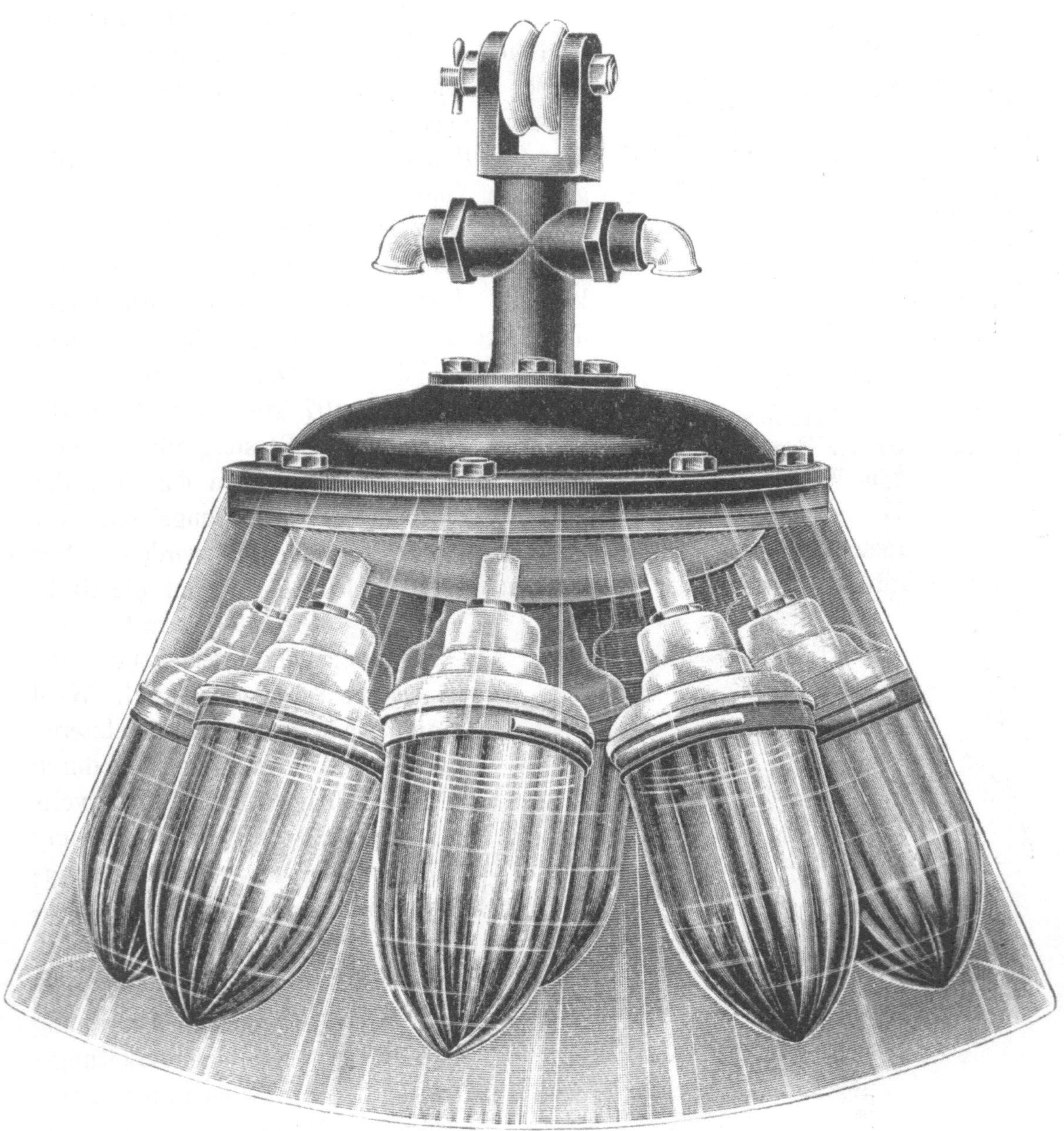

Fig. 109.

Lampenarmatur für Schachtabteufen. Ausgeführt von der Firma J. Carl in Jena.

liegen in dem doppelt gewölbten Boden, welcher durch den Reflektor und eine obere Schutzplatte aus Gußeisen gebildet wird. An die letztere ist das schmiedeeiserne Vierwegerohr angeschraubt, das in den beiden wagerechten, mit Porzellan ausgefütterten Schenkeln die Leitungen aufnimmt und an dem vertikalen Ende die isolierende Aufhängevorrichtung trägt. Die Lampe umgibt eine in Fig. 109 durchsichtig gezeichnete Schutzglocke aus Gußeisen.

Den Ausschluß unzuverlässigen Materials und die Vermeidung von Beschädigungen im Betriebe bezwecken folgende Bestimmungen der Sicherheitsvorschriften:

An und in Beleuchtungskörpern darf nur Draht verwandt werden, der zum mindesten die von den Normalien vorgeschriebenen Sicherheitsgarantien bietet (§ 35 a). Bei Niederspannung ist Fassungsader gestattet. Für Hochspannungsbeleuchtungskörper wird für die Zuleitung und innere Verbindung zum mindesten Gummiader vorgeschrieben (§ 35 g), Fassungsader dagegen verboten.

„Für Reihenschaltung kann Gummiaderleitung auch bei einer Maschinenspannung von mehr als 1000 V verwendet werden, soweit zwischen zwei benachbarten Gummiaderleitungen eine geringere Spannung als 1000 V herrscht und die Beleuchtungskörper durch die ganze Art der Montage für die höchste in Betracht kommende Spannung dauernd gegen Erde isoliert und unzugänglich angebracht werden" (§ 21 b, S. 1).

Abzweigstellen in Beleuchtungskörpern sollen bei Niederspannung zur besseren Ueberwachung tunlichst zentralisiert sein, bei Hochspannung sind Abzweig- und Verbindungsstellen innerhalb der Lampenkörper überhaupt nicht zulässig (§ 21 e bezw. c). Einer Beschädigung der Leitungsisolation will der § 21 a vorbeugen, welcher bestimmt:

„Die zur Aufnahme von Drähten bestimmten Hohlräume von Beleuchtungskörpern müssen im Lichten soweit bemessen und von Grat frei sein, daß die einzuführenden Drähte sicher ohne Verletzung der Isolierung durchgezogen werden können; die engsten für 2 Drähte bestimmten Rohre müssen wenigstens 12 mm im Lichten haben."

Die Lampen müssen immer so angebracht sein, daß die Zuführungsdrähte beim Drehen des Körpers nicht verletzt werden können" (§ 35 c bezw. i).

Die Aufhängung der Bogenlampen an den Zuleitungsdrähten ist nur bei Niederspannung zugelassen (§ 20 e). Doch dürfen die Anschlußstellen der Drähte nicht auf Zug beansprucht und die Drähte nicht verdrillt werden. Unter Tage ist das Aufhängen der Bogenlampen an ihren Stromzuleitungen verboten (§ 46 i, S. 1).

Bei Hochspannung ist es nicht gestattet, ein und denselben Beleuchtungskörper für Gas und Elektrizität zu benutzen (§ 35 k), auch sind transportable Beleuchtungskörper verboten. Schnurpendel dürfen über Tage nur bei Niederspannung (§ 21 d), unter Tage (§ 46 h. 4) überhaupt nicht verwandt werden. Bei Niederspannung sind sie, mit biegsamer Leitungsschnur versehen, nur dann zulässig, wenn das Gewicht der Lampe nebst Schirm von einer besonderen Schnur getragen wird, die mit der Leitungsschnur verflochten sein kann. Sowohl an der Aufhängestelle, als auch an der Fassung müssen die Leitungsdrähte länger sein als die Tragschnur, damit kein Zug auf die Verbindungsstelle ausgeübt wird. Bei Niederspannung darf die Leitung an der Außenseite geführt werden, sie muß aber so befestigt sein, daß sie sich nicht verschieben kann (§ 35 c) und durch das Zusammenkommen der Drähte die Möglichkeit eines Kurzschlusses nicht befördert wird. Für zugängliche Beleuchtungskörper, welche mit Hochspannung betrieben werden, ist die innere Anordnung der Leitungen gefordert (§ 35 h).

Die Brandstatistik des Verbandes öffentlicher Feuerversicherungs-Anstalten in Deutschland führt 22 Brandunfälle an, welche durch die Entzündung leicht brennbarer Gegenstände in der Nähe von Glühlampen, in Berührung mit den Leitungsdrähten u. s. w. verursacht wurden. In 10 weiteren Fällen war die Brandursache auf das Abspringen von glühenden Kohlenteilchen aus nicht genügend geschützten Bogenlampen zurückzuführen.

Diesen und ähnlichen Gefahren treten die Sicherheitsvorschriften durch das Gebot einer feuersicheren Konstruktion und Verlegung der Beleuchtungskörper entgegen. Sie verlangen für die stromführenden Teile der Glühlampenfassungen feuersichere Unterlagen und Umhüllungen (§ 19 a). „Materialien, die entzündlich oder hygroskopisch sind oder in der Wärme Formveränderungen erleiden, dürfen nicht als Bestandteile von Fassungen verwendet werden" (§ 19 b).

Glühlampen, die in der Nähe von leicht entzündlichen Stoffen angebracht werden, müssen mit Schalen, Schirmen, Schutzgläsern oder Drahtgittern versehen sein, durch welche die Berührung der Lampen mit den entzündlichen Stoffen verhindert wird (§ 19 e).

„Bogenlampen dürfen ohne Vorrichtungen, die ein Herausfallen glühender Kohlenteilchen verhindern, nicht verwendet werden. Bei Bogenlampen mit eingeschlossenem Lichtbogen (Dauerbrandlampen) sind keine besonderen Vorrichtungen hierfür erforderlich" (§ 20 a).

In feuergefährlichen Betriebsstätten „müssen Bogenlampen mit offenem Lichtbogen metallene Aschenteller haben, welche im Betrieb in ihrer Lage festgehalten sind" (§ 39 e).

Sehr verschieden sind die Meinungen über die Explosionsgefährlichkeit der elektrischen Glühlampen. Die Sicherheitsvorschriften lassen im luftleeren Raum brennende Glühlampen, also Edison- und Osmium-, nicht Nernstlampen, für die Verwendung in explosionsgefährlichen Betriebsstätten und Lagerräumen über Tage (§ 39 c), sowie in Akkumulatorenräumen (§ 37 c) zu, wenn sie mit dicht schließenden Überglocken versehen sind, welche auch die Fassung dicht einschließen.

Über die Verwendung des elektrischen Glühlichtes in Braunkohlenbrikettfabriken treffen die einschlägigen Bergpolizeiverordnungen der Oberbergämter Bonn und Halle folgende Festsetzungen.

Bergpolizeiverordnung Bonn vom 23. Januar 1893:

§ 4. „Die Erleuchtung des Trockenhauses und des Preßhauses hat durch elektrisches Licht oder Öllicht zu erfolgen. Der Gebrauch von Petroleum in denselben ist verboten.

Als elektrisches Licht ist nur das Glühlicht anzuwenden."

Nach § 5 sind „Glühlampen auch im Innern der Trockenräume, in denen durch Ventilatoren erzeugter Wind in Anwendung kommt, sowie der Vorratskammern für die getrocknete Kohle gestattet, wenn sie mit zuverlässigen Verschlüssen ausgestattet sind."

Bergpolizeiverordnung Halle vom 14. Mai 1898:

§ 8. „Für sämtliche Räume der Brikettfabriken ist künstliche Beleuchtung nach Maßgabe der nachstehenden Vorschriften einzurichten:

a) Die Beleuchtung derjenigen Fabrikräume, in denen eine Entwicklung oder ein Zudrang von Kohlenstaub stattfinden kann, desgleichen die Beleuchtung etwa vorhandener Akkumulatorräume darf nur durch elektrisches Glühlicht erfolgen.

Die Glühlampen in diesen Räumen sind mit dicht schließenden Überglocken, die auch die Fassungen einschließen, zu versehen; tragbare Glühlampen sind außerdem durch starke Drahtbügel gegen das Zerschlagen zu sichern".

Bei der Genehmigung elektrischer Beleuchtungsanlagen in besonders feuer- und explosionsgefährlichen Räumen (Benzinkellern und -Füllräumen, Sprengstoffmagazinen- und -ausgaberäumen usw.) lassen die Bergbehörden die äußerste Vorsicht walten. Für Sprengstoffmagazine wird gewöhnlich nur eine äußere Beleuchtung gestattet, bei der die Lampen, Ausschalter und Leitungen außerhalb des Gelasses verlegt werden müssen, in dem der Sprengstoff lagert.

Durch die Versuche von Heise wurde die Schlagwettergefährlichkeit der Glühlampen beim Bruche erwiesen. Der bereits erwähnte Fall (s. S. 18) einer Schlagwetterexplosion, welche durch die Zertrümmerung einer von Akkumulatoren gespeisten tragbaren Glühlampe verursacht wurde, zeigt, daß auch die kleinen Glühfäden schlagwettergefährlich sind. Diese Gefahrenquelle läßt sich aber durch eine luftdichte Umkapselung der Birne soweit beheben, daß die elektrische Lampe weit sicherer erscheint als die mit Drahtnetz geschützte gewöhnliche Benzin- oder Öllampe. Eine Zertrümmerung der doppelten Glasglocke, bei der die äußere Hülle aus 5 bis 6 mm starkem Glas hergestellt werden kann, erscheint viel unwahrscheinlicher als ein Bruch des weniger kräftigen Zylinders der Davylampe, welcher häufig genug durch mechanische Einwirkung oder zu starke Erhitzung verursacht wird, oder eine Verletzung der wenig widerstandsfähigen Drahtgaze, ein Durchschlagen der Flamme bei zu starkem Wetterzug, ein Erglühen des Drahtkorbes usw.

Einen trefflichen Beweis dafür, daß die Sicherheitslampe leicht gefährlicher wird als selbst elektrische Kraftinstallationen mit starken Strömen, liefert eine Schlagwetterexplosion in dem Erdwachsbergbau „Gruppe I" in Boryslaw am 2. Juni 1902[56]). Die Explosion entstand in dem Maschinenraum eines unter Tage aufgestellten elektrischen Ventilators, wurde aber durch das Durchschlagen einer Davylampe hervorgerufen. Die elektrische Lampe kann so angeordnet werden, daß ein Öffnen, welche trotz aller sinnreichen Verschluß-

---

[56]) Österreichische Zeitschrift für Berg- und Hüttenwesen, 1904, Nr. 5, S. 55 ff.

konstruktionen bei der gewöhnlichen Lampe immer noch möglich ist, vollkommen ausgeschlossen wird. Die Schalter der tragbaren elektrischen Akkumulatoren-Lampen lassen sich vollkommen hermetisch einkapseln; außerdem sind die bei ihrer Betätigung entstehenden Funken nach den Heiseschen Versuchen nicht zündfähig. Das Urteil der preußischen Schlagwetterkommission[57]) erkennt die Vorzüge der elektrischen Beleuchtung in Schlagwettergruben vollkommen an. Es lautet:

„Die unterirdische Verwendung des elektrischen Lichtes bietet für Schlagwettergruben keine erheblichen Gefahren, wenn anders die den elektrischen Strom leitenden Drähte, sowie die einzelnen Lampen einen hinreichenden Schutz erhalten und wenn nicht zu große Stromstärken angewendet werden. Namentlich dürften elektrische Glühlampen in sicherheitlicher Beziehung unbedenklich der gewöhnlichen Sicherheitslampe vorzuziehen sein".

Heise[58]) kommt auf Grund seiner Versuche zu dem Ergebnis, daß eine gut ausgeführte, fest angebrachte Beleuchtung durch hochvoltige Glühlampen bei Beobachtung gewisser Vorsichtsmaßregeln an schlagwettergefährlichen Punkten sicherer ist als jede andere Beleuchtungsart.

Die deutschen Sicherheitsvorschriften haben deshalb mit vollem Recht kein Bedenken getragen, Glühlampen für Schlagwettergruben zuzulassen, wenn sie „mit dichtschließenden Überglocken versehen sind, welche auch die Fassung dicht einschließen. Doch müssen sie, einerlei, in welcher Höhe sie angebracht sind, außer der Überglocke noch einen Schutzkorb aus starkem Drahtgeflecht besitzen" (§ 46 s).

Die österreichische Verordnung verlangt außerdem noch, daß „die Panzerung (Gasrohr) der Stromzuleitung unmittelbar an den Deckel der Schutzglocke angeschlossen sein soll". Daß auch der Gebrauch von tragbaren Akkumulatorenlampen gestattet ist, geht aus der Vorschrift A. III hervor, nach welcher die Verwendung von Sammlerbatterien in Gruben, für welche Sicherheitsgeleuchte vorgeschrieben ist, auf die tragbare elektrische Beleuchtung beschränkt wird.

Die Wiener Verordnung verbietet außerdem im Einklang mit den Sicherheitsvorschriften die Verwendung von Bogenlampen (A. V. S. 2).

Im Gegensatz zu den Anschauungen der Schlagwetterkommission, zu den deutschen Sicherheitsvorschriften und der Wiener Bergpolizeiverordnung enthalten die Polizeiverordnungen der Oberbergämter Dortmund, (B.-P.-V. vom 12. Dezember 1900, betreffend die Bewetterung der Steinkohlenbergwerke usw., § 41), Breslau (Allg. Pol.-Ver. vom 18. Januar 1900, § 121) und Bonn (Allg. Pol.-Ver. v. 1. Mai 1894) Bestimmungen, welche für die Verwendung des elektrischen Lichtes in Schlagwettergruben die besondere Genehmigung des Oberbergamtes erfordern und im übrigen die Glühlampen hinsichtlich der Gefährlichkeit dem offenen Lichte gleichstellen. Die Dortmunder Verordnung schreibt vor:

---

[57]) Hauptbericht, S. 139.
[58]) Glückauf 1898, S. 52.

§ 41. 1. „Die Anwendung offenen Lichtes ist in allen Grubenräumen mit Ausnahme der zu Tage gehenden einziehenden Schächte, der zu diesen gehörigen und der in unmittelbarer Nähe der Füllörter gelegenen ausgemauerten Maschinenräume und Füllörter verboten. In letzteren beiden ist offenes Licht nur an feuersicheren Stellen in Stand- und Hängelampen gestattet. Auch in Einziehschächten darf offenes Licht nur gebraucht werden, wenn etwa vorhandener Holzausbau in feuchtem Zustande erhalten wird, sodaß ein Inbrandsetzen desselben ausgeschlossen erscheint."

2. „Die Benutzung elektrischer Lampen ist dort gestattet, wo die Verwendung des offenen Lichtes erlaubt ist. Im übrigen dürfen elektrische Lampen — abgesehen von den Fällen, in denen es sich um die Rettung verunglückter Personen oder um die Abwendung von Gefahren handelt — nur mit Genehmigung des Oberbergamtes benutzt werden.

Außer in den in Abs. 1 und 2 bezeichneten Fällen dürfen nur Sicherheitslampen verwendet werden."

In demselben Sinne verfügt die Breslauer und Bonner Verordnung.

Die Gründe, welche zu diesen Vorschriften Veranlassung gegeben haben, scheinen bezüglich der fest angebrachten Glühlampen mehr Bedenken wegen der Gefährlichkeit der Zuleitungen und Ausschalter gewesen zu sein als Befürchtungen hinsichtlich der Lampen selbst. Werden die Glühlichtanlagen mit einem Material ausgeführt, das den deutschen Sicherheitsvorschriften entspricht, so fehlt der Beibehaltung dieser einschränkenden Bestimmungen jegliche Begründung.

Die Sicherheit anderer elektrischer Anlagen.

Die deutschen Sicherheitsvorschriften beschränken sich auf Anordnungen für Starkstromanlagen; der Telephon-, Signal- und Zündanlagen ist darin nicht gedacht.

Die Telephonanlagen geben zu Bedenken keinen Anlaß. Die Signalanlagen sollen, wenn sie, was neuerdings häufiger verkommt, mit Starkstrom betrieben werden, in der Konstruktion und Anordnung ihrer Apparate und Leitungen vollkommen den Sicherheitsvorschriften entsprechen. Das gilt besonders für die Aufstellung an schlagwettergefährdeten Örtlichkeiten. Die moderne Technik stellt Läutewerke und Kontakte zur Verfügung, welche vollständig luftdicht abgeschlossen sind, wie z. B. die Membran-Wecker- und -Kontakte der Siemens-Schuckertwerke.

Von den Zündapparaten können besonders die mit höherer Spannung betriebenen Schlagwetterexplosionen hervorrufen (s. S. 18). Doch ist dieser Fall deshalb unwahrscheinlich, weil in schagwettergefährdeten Teilen des Grubengebäudes auch die Sprengung untersagt ist. Erfolgt das Abtun der Schüsse von einem Orte aus, wo Schlagwetter auftreten können, so muß sich die Person, welche den Zündapparat betätigt, vorher vergewissern, daß explosible Gemische nicht vorhanden sind.

Vorschriften für die Errichtung elektrischer Starkstromanlagen.

Für die Errichtung elektrischer Starkstromanlagen schreiben die deutschen Bestimmungen im § 1 einen Plan und ein Schaltungsschema vor, „das bei Fertigstellung hergestellt werden soll". Der Plan soll eine Bezeichnung der Räume nach Lage und Verwendung enthalten.

Besonders hervorzuheben sind feuchte oder durchtränkte Räume und solche, in welchen ätzende oder leicht entzündliche Stoffe oder explosible Gase vorkommen. Da nach § 46 diese Vorschriften auch für die unter Tage liegenden Teile elektrischer Bergwerksanlagen gelten, soweit sie nicht durch diesen Paragraphen abgeändert werden, und § 46 über Pläne für Gruben keine besonderen Bestimmungen enthält, so müßten nach dem Wortlaut der Sicherheitsvorschriften auf den Plänen auch alle Grubenräume, wo Schlagwetter auftreten usw., markiert sein. Diese Vorschrift ist praktisch nicht durchzuführen. Pläne über die Disposition der Hauptleitung sind auch im Interesse der Überwachung und Beurteilung einer Anlage gewiß sehr erwünscht. Zwecklos ist es aber, darin die feinen, unter Umständen täglich geänderten Verästelungen der Leitungen in den Strecken einzutragen. Eingehendere Pläne erscheinen bei Hochspannungsanlagen gerechfertigt, besonders bei Fernleitungen und ausgedehnteren Leitungsnetzen. Nach den Vorschriften des Elektrotechnikerverbandes soll daraus die Lage der Unterstationen, Transformatoren, Hausanschlüsse, Streckenausschalter, Sicherungen und Blitzschutzvorrichtungen ersichtlich sein.

Ferner werden folgende Bezeichnungen verlangt:

1. Bei den Leitungen: Für Lage, Querschnitt in qmm, Isolierart (in besonderen, vorgeschriebenen Buchstaben), Art der Verlegung, Isolierglocken, -rollen, -ringe, -rohre usw.

2. Bei den Apparaten: Für Sicherungen, Elektromotoren und sonstige Stromverbraucher (ebenfalls in vorgeschriebenen Zeichen), für die Lage, bei den letzteren auch für die Art des Apparates. Die Hochspannungs-Verbrauchsstellen müssen auf den Plänen durch einen großen roten Blitzpfeil und Eintragung der Spannung bezeichnet werden. Treten auf demselben Plan Hoch- und Niederspannungsleitungen auf, so müssen die ersteren mindestens am Anfang und am Ende durch einen Blitzpfeil gekennzeichnet werden. Bei Freileitungen müssen die in den Plänen eingezeichneten Stangen nummeriert werden.

In dem Schaltungsschema sollen die Querschnitte der Hauptleitungen und Abzweigungen von den Schalttafeln ab mit Bezeichnung der Belastung jeder Leitung in Ampère wiedergegeben werden. Dem Plan für die Errichtung der elektrischen Betriebsanlage ist auch das Schaltungsschema der Stromerzeugungsanlage beizugeben.

Im Oberbergamtsbezirk Dortmund erfolgt die Prüfung der mit dem Antrage auf Errichtung einer elektrischen Anlage unter Tage einzureichenden Unterlagen durch das Oberbergamt, welches sich in seiner Bergpolizeiverordnung für Betriebsanlagen auf Bergwerken vom 28. März 1902 (§ 48) ausdrücklich die Genehmigung der Herstellung und des Betriebes von elektrischen Anlagen vorbehalten hat. Nach § 106 S. 1 derselben Verordnung sind elektrische Beleuchtungs- und Kraftanlagen vor der Inbetriebsetzung einer Abnahmeprüfung durch einen Sachverständigen zu unterziehen.

Die Revision elektrischer Anlagen.

Von außerordentlicher Wichtigkeit für die Erhaltung der Sicherheit elektrischer Anlagen ist ihre dauernde Revision durch sachverständige Ingenieure. Bezüglich dieser periodischen Prüfungen geben die Betriebsvorschriften des Elektrotecknikerverbandes für Niederspannungsanlagen folgende Vorschriften (§ 7):

a) „Zur Kontrolle ihres ordnungsmäßigen Zustandes sind alle Anlagen zunächst vor Inbetriebsetzung und sodann in angemessenen Zwischenräumen zu revidieren, wobei den vorgeschriebenen Schutzvorrichtungen besondere Aufmerksamkeit zu schenken ist. Hierbei ist auch der Isolationszustand der Anlagen zu kontrollieren. Erhebliche Erweiterungen sind wie Neuanlagen zu behandeln.“

b) „Werden bei der Revision Fehler entdeckt, so sind dieselben in angemessener Frist zu beseitigen.“

c) „Über jede Revision ist ein Protokoll aufzunehmen, in das die etwa vorgefundenen Fehler und die zu ihrer Beseitigung empfohlenen Maßnahmen einzutragen sind.“

d) „Die Revisionen haben stattzufinden: In feuergefährlichen und durchtränkten Räumen jährlich mindestens einmal; in gewöhnlichen Betriebsräumen alle drei Jahre einmal; in Wohnungen alle fünf Jahre einmal.“

Fast gleich lautet der § 4, welcher im Absatze b noch fordert, daß „das Resultat der Revision in ein Buch einzutragen ist, welches nur diesem Zwecke dient; die erfolgte Beseitigung etwaiger Mängel ist darin ebenfalls zu vermerken.“

§ 5 b) „Leitungsanlagen sind jährlich mindestens einmal einer Revision zu unterwerfen. Dabei sind gefahrdrohende Mängel zu beseitigen.“

Nach § 13 finden diese Vorschriften auch bei Hochspannungsanlagen sinngemäße Anwendung.

Die neuen Bergpolizeiverordnungen der Oberbergämter Dortmund und Halle setzen bezüglich der Revisionen folgendes fest:

Bergpolizeiverordnung des O. B. A. Dortmund über Betriebsanlagen auf Bergwerken vom 28. März 1902:

§ 106 S. 2 u. 3. „Zur dauernden Erhaltung des betriebssicheren Zustandes der Gestänge, der Leitungen, der Sicherheitsvorrichtungen und der Erdung mit ihren Kontakten muß eine Überwachung in der Weise stattfinden, daß jährlich mindestens einmal eine eingehende Revision aller Teile und außerdem vierteljährlich mindestens einmal eine Begehung sämtlicher Freileitungen durch einen Sachverständigen stattfindet.

Der Befund der Prüfung ist von dem Betriebsführer in das Zechenbuch einzutragen und dem Revierbeamten mitzuteilen.“

Bergpolizeiverordnung des O. B. A. Halle vom 7. März 1903, § 139:

„Elektrische Anlagen sind mindestens einmal jährlich durch einen nicht zu den Aufsichtspersonen gehörenden Sachverständigen in allen Teilen auf Brauchbarkeit und Sicherheit zu untersuchen. Der Befund ist ins Zechenbuch einzutragen.“

Die in der Dortmunder Verordnung gegebene Vorschrift einer vierteljährlich zu wiederholenden Begehung der Freileitungen lehnt sich an eine Bestimmung der älteren Vorschriften des Elektrotechnikerverbandes an. In ihren oben angeführten neueren Betriebsvorschriften hat diese Körperschaft die Forderung einer vierteljährlichen Revision der Freileitungen fallen gelassen und ausdrücklich jährliche Revisionsfristen festgesetzt, jedenfalls deshalb, weil sie erkannt hat, daß die häufige Revision der Freileitungen unnötig ist und die Überwachungsbeamten so belastet, daß ihnen für wichtigere Prüfungen keine Zeit verbleibt.

Welche Gefahren können auch an einer Freileitung eintreten? Stangen-, Draht- und Isolatorenbruch, Beschädigung der Schutznetze usw. Eine genügende Festigkeit und sachgemäße Anordnung aller Einrichtungen ist vorhanden, wenn die Anlage den Sicherheitsvorschriften und Normalien entspricht. Für die Isolatoren, welche täglich durch Steinwürfe beschädigt werden können, genügt die vierteljährliche Kontrolle durch den Revisionsbeamten nicht, sie muß in kurzen Zeitabständen, womöglich täglich vorgenommen und deshalb dem Betriebspersonal überlassen werden; bei den oft sehr langen Freileitungen, welche auf Bergwerken zu entfernten Ventilatoranlagen, Pumpwerken usw. führen, hat man die praktische Anordnung getroffen, daß das Wärterpersonal auf dem Hin- oder Herweg zu der Motoranlage den Streifen unter der Leitung begeht, wodurch eine wirksame Kontrolle ermöglicht wird.

Von viel größerer Wichtigkeit ist eine weitgehende Prüfung der Anlagen in feuchten, feuer- und explosionsgefährlichen Räumen und besonders unter Tage. Da dort etwaige Beschädigungen, Isolationsfehler usw. weniger leicht, oft nur durch Messungen zu erkennen sind, muß hier die Tätigkeit des Revisionsingenieurs vermehrt einsetzen, ohne daß die tägliche Kontrolle des Betriebszustandes durch das Grubenpersonal zu entbehren wäre. Nachahmenswert ist die Einrichtung des Revisionsdienstes auf der Ferdinandgrube in Oberschlesien; dort erfolgt eine tägliche Kontrolle der sämtlichen Installationen durch die Grubenbetriebsbeamten und einen Elektromonteur, sowie eine vierteljährliche durch den Maschinenmeister, die Maschinensteiger und den Elektromonteur.

Bei aller Zuverlässigkeit des Betriebspersonals ist eine Überwachung der Anlagen durch einen Elektroingenieur nicht zu entbehren. Die Bergpolizeiverordnung des O. B. A. Dortmund stellt an den Revisionsbeamten nur die Forderung, daß er sachverständig ist. Während diese Vorschrift die Ausführung der Revisionen durch die Elektroingenieure der Bergwerke zuläßt, eine Konzession an die Besitzer der Anlage, die in manchen Fällen Bedenken bieten dürfte, bestimmt das Oberbergamt Halle in dem oben angezogenen § 139 seine Polizeiverordnung, daß der Sachverständige nicht zu den Aufsichtspersonen des Werkes gehören darf.

Es kommen dann nur die Revisionsingenieure der privaten Überwachungsanstalten, welche oft in Angliederung an die Dampfkesselüberwachungsvereine ins Leben gerufen sind, in Betracht. Einen Schritt weiter bedeutet für Preußen der gegenwärtig einer Kommission des Abgeordnetenhauses vorliegende Gesetzentwurf betr. die Kosten der Prüfung und Überwachung von elektrischen Anlagen usw., welcher die Verpflichtung der Überwachung begründen und Tarife dafür festsetzen will. In der Tagespresse hat der Entwurf viel Widerspruch erfahren. Man führte unter anderem gegen ihn ins Feld, ein staatlicher Zwang zur Überwachung sei nicht erforderlich, da die Besitzer elektrischer Anlagen sie schon aus wirtschaftlichen Gründen (zur Vermeidung von Stromverlusten usw.) in gutem Zustand erhalten müßten. Das wird wohl für die große Mehrzahl der Besitzer zutreffen, wie die Erfahrung gelehrt hat, aber nicht für alle. Also, die gesetzliche Forderung der Überwachung, welche wie bei den Dampfkesseln am besten im Selbstverwaltungswege erfolgt, erscheint sehr wohl begründet.

Unzweckmäßig ist dagegen die in dem Entwurfe weiter geforderte Festsetzung der Revisionstarife durch eine Zentralinstanz, besonders, wenn man die Verhältnisse des Bergbaus in Betracht zieht. Daß die Revisionsvereine dort wegen der schwierigeren, mühsameren und sogar gefährlicheren Prüfungen höhere Tarifsätze einstellen müssen als anderswo, wo die Anlagen mit einem Bruchteil des Zeit- und Arbeitsaufwandes zu kontrollieren sind, liegt auf der Hand.

Für die Kenntnis der elektrischen Gefahren in Bergwerken wird die dem Dampfkesselüberwachungsverein der Zechen im Oberbergamtsbezirk Dortmund angegliederte Elektroüberwachung besonders wertvolles Material liefern. Dieser Anstalt hatten sich nach einjährigem Bestehen im Sommer 1903 von den 101 Werksverwaltungen des genannten Bezirks bereits 52 angeschlossen. Ihrer Kontrolle unterstanden an diesem Zeitpunkte:

210 Dynamos von durchschnittlich 75 KW = 15 750 KW über Tage

  3   „   „   „   7 „ =   21 KW unter „

130 Elektromotoren . . . . 30 PS = 3 900 PS über „

 70   „   . . . .100 „ = 7 000 „ unter „

 20 Transformatoren . . . . 40 KW = 800 KW über „

  5   „   . . . 20 „ = 100 KW unter „

 13 Akkumulatorenbatterien von ca. 60 Zellen . . . . . . über „

    Bogenlampen . . . . 1 250 „   „

    Glühlampen . . . . 22 000 „   „

125 km zu begehende Freileitungen!

Der sicherheitsgemäßen Anlage elektrischer Betriebe wird auch dadurch gedient, daß den Revisionsingenieuren, wenn auch nicht die Ausarbeitung, so doch die Begutachtung der Bauentwürfe übertragen wird, eine Erweiterung ihrer Tätigkeit, die ebenfalls nicht in den Rahmen allgemeiner Tarifsätze paßt.

Die Bestrebungen auf die Sicherung elektrischer Betriebe werden eine noch ausgedehntere Verwendung der im Bergbau hochgeschätzten und für ihn so unentbehrlichen Kraft ermöglichen.